志田瞳优美花样毛衫编织 7

重焕光彩的精品集萃

〔日〕志田瞳　著
蒋幼幼　译

河南科学技术出版社
·郑州·

目 录

暖意融融的秋冬编织衣物

轻柔凉爽的春夏编织衣物

倍加爱惜的编织小物

06

p.12

07

p.14

13

p.25

14

p.26

15

p.28

16

p.29

22

p.38

●本书刊登的作品全部使用钻石线编织而成。

●编织图中未标注单位且表示长度的数字单位均为厘米（cm）。

暖意融融的
秋冬编织衣物

01

教堂尖尖的屋顶耸立在冬日的天空下，
门窗的拱形结构令人着迷。
花样中拱形内虽然都是斜纹蕾丝花样，
但是分成每行进行操作和每 2 行操作一次，
增加了变化，别有妙趣。

编织方法 / p.41
使用线材 / 钻石线 Tasmanian Merino

02

套头衫的边缘设计了华丽的蕾丝褶边。
使用浅灰色的毛线编织，
在精致的斜纹蕾丝花样中
加入一颗颗小球，
彰显了成熟的韵味。

编织方法 / p.47
使用线材 / 马海毛和锦纶混纺的毛线（中粗）

03

富有立体感的花朵和树叶花样
加上纤细的蕾丝花样，
整件套头衫给人柔美的印象。
边缘是连排的树叶花样，
呈现荷叶边的效果，
增添了轻快的节奏感。

编织方法 / p.53
使用线材 / 钻石线
Diamohairdeux〈Alpaca〉

04

在上针编织的基础上，
麻花蕾丝花样宛如树干一般向上延伸，
将其中一部分改成变形的菱形花样，
整体花样更加富有个性。
这款毛衫采用了前后差的直线形设计，
既轻柔，又方便穿着。

编织方法 / p.58
使用线材 / 钻石线
Diadomina〈Novum〉

05

套头衫的颜色透着浓浓的秋意，
可以充分体会到手编的妙趣。
以椭圆形花样为中心，
疏密有致地排列了麻花花样、
类似箭羽图案的交叉花样，
各种花样相得益彰。

编织方法 / p.66
使用线材 / 钻石线
Tasmanian Merino〈Tweed〉

06

秋色渐起，
最想穿的就是自然随性的毛衫。
4 种花样像拼布一样组合排列，
加上前短后长的直筒形设计，
在肋部穿入细绳固定即可。

编织方法 / p.63
使用线材 / 钻石线 Diaadele

07

这是一件收腰长款毛衫，
下摆与胸口的十字花样大小不同，
下摆呈现自然扩展的状态。
使用秋色浓郁的粗花呢线编织，
加上蕾丝花样的翻领设计，
给人一种温婉的感觉。

编织方法 / p.60
使用线材 / 钻石线
Diaadele

Column Autumn & Winter

秋冬编织小专栏

秋意渐浓时，热爱编织的内心也仿佛感受到了秋风的拂动，不禁想起毛线的温暖和柔软的触感，越发按捺不住想要编织的心情。

说到秋冬毛线，脑海里就会浮现出羊毛。既有弹性又暖和的基础毛线适用于任何花样，可以放心使用。不同大小的交叉花样、基础花样（底纹）、蕾丝花样……感觉效果都很不错。

以纯色的平直毛线为例，如果颜色明亮，花样也会清晰可辨，可以加入各种花样；如果颜色偏暗，只要选择交叉花样等立体饱满的花样，也可以呈现比较清晰的效果。像段染线和花式线之类的毛线最好灵活使用。选择清楚一点的花样，在想要点缀的地方或下摆等处局部使用，或者在形状上增加一点变化，以此突显线材的美妙。马海毛线很柔软，是我非常喜欢的毛线。编织蕾丝花样时，选择毛纤维短一点的马海毛线也可以编织出清爽的蕾丝花样；编织交叉花样时，织片蓬松柔软，也很漂亮。

秋冬季节的天然线材各具特色，也有很多精美的混纺毛线。此外，化学纤维与天然纤维的混纺毛线也越来越多，虽然各种成分的比例有所差异。还有100%用化学纤维生产的毛线。仔细确认标签，注意熨烫方法，根据作品需要灵活地区分使用。随着地球环境的变化，动物的生存面临着越来越严峻的挑战。加上其他因素的影响，动物的数量不断减少。我们使用的毛线就是用它们的毛加工而成的，所以要倍加珍惜。这一点同样适用于其他毛线，今后我也会进一步思考毛线的循环使用等问题。

轻柔凉爽的春夏编织衣物

08

这是一款精心编织的镂空花样套头衫，
果冻般的颜色给人清凉的感觉，
带状线散发着雅致的光泽。
加入小球的可爱边缘也十分迷人。

编织方法 / p.68
使用线材 / 棉和人造丝混纺的带状线（粗）

09

这是一款优雅端庄的套头衫，
由漂亮的斜纹蕾丝花样构成，
仿佛春天绽放的花朵。
加入褶裥的衣袖、
自然扩展呈波浪形起伏的下摆，
无论款式还是细节都非常讲究。

编织方法 / p.72
使用线材 / 钻石线
Masterseed Cotton〈Silk〉

10

黄绿色的套头衫十分轻柔，
蕾丝下摆在春风中摇曳生姿。
从下针编织呈锯齿形过渡到菱形蕾丝花样，
边缘的三角形花样与之相呼应，
整体更加和谐统一。

编织方法 / p.76
使用线材 / 钻石线
Masterseed Cotton〈Silk〉

11

从前面看这款套头衫，
清晰的纵向蕾丝花样
和格子状的蕾丝花样排列紧凑。
而后身片加长的同时，
大胆地设计了开衩，
增加了层次变化。
前后换着穿，或者当作背心，
可以尝试不同的穿搭方式。

编织方法 / p.78
使用线材 / 钻石线 Diacosta Uno

12

这是一款用细棉线编织的满身花样套头衫，
绕线结编形成的小花十分可爱。
身片和衣袖都是宽松的直线形设计，
袖口的褶裥增添了一分优雅的气息。

编织方法 / p.80
使用线材 / 钻石线
Masterseed Cotton

13

这是一款圆育克套头衫，
别具韵味的颜色给人成熟的印象。
下摆重复编织相同的花样，
育克部分错开半个花样重叠，
一边编织一边缩小花样。
下摆与育克之间的下针编织
衬托了花样的精美。

编织方法 / p.82
使用线材 / 钻石线
Masterseed Cotton〈Silk〉

14

富有节奏感的锯齿蕾丝花样套头衫
使用了米色的带状线，
洋溢着春日气息，给人优雅的印象。
以结编蕾丝花样为中心，
下针部分也有规律地加入了结编，
整体设计更加统一。

编织方法 / p.88
使用线材 / 钻石线 Diacielo

15

微喇叭形的褶边是纵向条纹蕾丝花样。
身片在下针和蕾丝花样之间加入了交叉针，
排列成类似棋盘格的纹样。
从胸口往上全部是蕾丝花样，更显清凉。
颜色上选择了原白色，
在夏日阳光下显得非常柔美。

编织方法 / p.90
使用线材 / 钻石线
Masterseed Cotton〈Silk〉

16

身片在蕾丝花样的基础上
加入了拉针和泡泡针。
接着用钩针从身片挑取针目，
一边分散加针，一边钩织波浪形的清凉花样。
线材上选择了手感柔软的带状棉线。

编织方法 / p.85
使用线材 / 钻石线 Diacielo

Column Spring & Summer

春夏编织小专栏

春天的脚步缓缓而来。当春光洒落在窗边，真想编织一款轻柔的开衫。创作春夏季节的作品时，我总是被天然线材所吸引。由植物纤维加工而成的棉麻线具有良好的韧性，手感爽滑，织成的花样也很清晰。使用纯棉线编织时，因为其缺乏伸缩性，粗线编织的作品往往偏重，不妨选择细一点的线，或者形态和工艺上经过特殊处理的线。而且，花样的选择也至关重要。

就我个人而言，春夏作品中蕾丝花样居多，交叉花样比较少。交叉针叠合在一起会增加厚度，可以用绕线代替交叉，打造出类似的效果。使用交叉花样时，加入蕾丝花样，设法呈现轻柔凉爽的感觉。边缘也可以在罗纹针中加入蕾丝花样，使其更加轻柔。罗纹针也因此变得不易收缩，呈现比较平展的状态，所以一开始不妨按展开的状态进行设计。

作为春夏线材，以植物纤维为原料加工的毛线很受欢迎。但是为了避免成品太重，各种各样的毛线被研发出来，比如棉 + 麻、棉 + 真丝、棉 + 化学纤维、100% 化学纤维的毛线等。含化学纤维的毛线在熨烫时要注意参考标签上的说明。熨烫前后，织物的感觉会发生很大变化，可能会变软，也可能会变形，熨烫效果因线材而异。测量编织密度时，也最好事先确定自己喜欢的效果。使用含化学纤维的毛线编织时，蕾丝花样清晰明朗，而且不易变形，感觉非常适合。在创作作品时，务必了解线材的特性并加以灵活使用。

倍加爱惜的编织小物

17

这是一款色调柔和的圆育克斗篷，
想在肩头披点什么的时候用它非常合适。
从下摆开始依次按拱形花样、下针、
大小逐渐变化的花样连续编织。
连同边缘一起编织，
并在领口用纽扣固定。

编织方法 / p.94
使用线材 / 钻石线 Diacielo

18

缩褶花样和每行的锯齿
蕾丝花样平分秋色，
两侧按蜂巢花样等针直编。
这款围脖可以改变围法，
展示不同的纹理效果。

编织方法 / p.57
使用线材 / 钻石线
Diadomina〈Novum〉

19

这是一款方便实用的露指手套。
手背部分是强而有力的箭羽花样，
手掌侧是下针编织，
整体一圈圈地做环形编织。
考虑到手套会露出袖口，
特意选择了绯红色以形成鲜亮的点缀。

编织方法 / p.71
使用线材 / 钻石线 Tasmanian Merino

20

这款围巾使用柔软的优质线材编织而成，
除了结编蕾丝花样，还加入了清晰的蕾丝交叉花样。
褶边是一边分散加针一边按结编花样编织，
佩戴时的厚重感恰到好处。

编织方法 / p.98
使用线材 / 钻石线 Tasmanian Merino

21

这是一款百搭的灰色帽子，
使用含英国羊毛的线材编织而成，
弹性适中，交叉花样的阴影效果也别有韵味。
帽口部分和分散减针的帽顶使用了相同的底纹。

编织方法 / p.99
使用线材 / 钻石线 Diatartan

22 看上去就感觉很暖和，
这双袜子是用段染线编织而成的，
褐色和蓝色系的渐变效果十分漂亮。
从袜口开始朝袜头方向环形编织，
并在袜面编入了小巧的交叉花样。

编织方法 / p.96
使用线材 / 钻石线 Diadomina

河南科学技术出版社
精品图书推荐

本书使用线材一览

秋冬线材

Diatartan
羊毛100%（含50%英国羊毛）
35g/团　约96m　11色　中粗
棒针5~7号　钩针5/0、6/0号
标准下针编织密度 / 22~24针，30~32行

Diadomina
羊毛50%、幼马海毛21%、锦纶29%
40g/团　约112m　17色　中粗
棒针6、7号　钩针5/0、6/0号
标准下针编织密度 / 20~22针，25~27行

Diadomina〈Novum〉
羊毛58%、幼马海毛15%、锦纶27%
40g/团　约108m　13色　中粗
棒针6~8号　钩针6/0、7/0号
标准下针编织密度 / 19~21针，25~27行

Tasmanian Merino
羊毛（塔斯马尼亚羊毛）100%
40g/团　约120m　30色　中粗
棒针5、6号　钩针4/0、5/0号
标准下针编织密度 / 22~23针，30~32行

Tasmanian Merino〈Tweed〉
羊毛（塔斯马尼亚羊毛）100%
40g/团　约120m　8色　中粗
棒针5、6号　钩针4/0、5/0号
标准下针编织密度 / 22~23针，30~32行

Diaadele
羊毛96%、涤纶4%
40g/团　约116m　11色　中粗
棒针5~7号　钩针5/0、6/0号
标准下针编织密度 / 20~22针，29~31行

Diamohairdeux〈Alpaca〉
幼马海毛40%、幼羊驼绒10%、腈纶50%
40g/团　约160m　9色　中粗
棒针6、7号　钩针5/0、6/0号
标准下针编织密度 / 19~21针，25~27行

春夏线材

Diacosta Uno
人造丝70%、腈纶30%
35g/团　约115m　14色　粗
棒针5、6号　钩针5/0、6/0号
标准下针编织密度 / 21~23针，28~30行

Diacielo
棉100%
30g/团　约141m　12色　粗
棒针4~6号　钩针4/0、5/0号
标准下针编织密度 / 25~27针，35~37行

Masterseed Cotton
棉（Masterseed）100%
30g/团　约106m　21色　粗
棒针4、5号　钩针3/0、4/0号
标准下针编织密度 / 25~27针，34~36行

Masterseed Cotton〈Silk〉
棉（Masterseed）87%、真丝13%
25g/团　约85m　10色　粗
棒针4、5号　钩针4/0、5/0号
标准下针编织密度 / 25~26针，30~32行

◆以上数据截至2023年10月

索引（符号的编织方法和编织技法）

作品的编织方法

01 p.5

●**材料和工具**　钻石线 Tasmanian Merino 白色（701）415g/11团
直径18mm的纽扣 6颗
棒针6号、5号、4号

●**成品尺寸**　胸围98.5cm，肩宽35cm，衣长54.5cm，袖长54cm

●**编织密度**　10cm×10cm面积内：编织花样A、B、C、D均为26针，32行

●**编织要点**　**身片、衣袖**…另线锁针起针后，一边分散减针一边按编织花样A编织。接着按编织花样B、C、D编织。袖窿参照图示减针。领窝减2针及以上时做伏针减针，减1针时立起侧边1针减针。衣袖参照图示加减针。下摆、袖口解开起针时的锁针挑针后编织起伏针，编织终点从反面做伏针收针。

组合…肩部做盖针接合，胁部、袖下做挑针缝合。衣领、前门襟挑取指定数量的针目后做边缘编织，编织终点与下摆一样收针。衣袖与身片之间做引拔缝合。最后缝上纽扣。

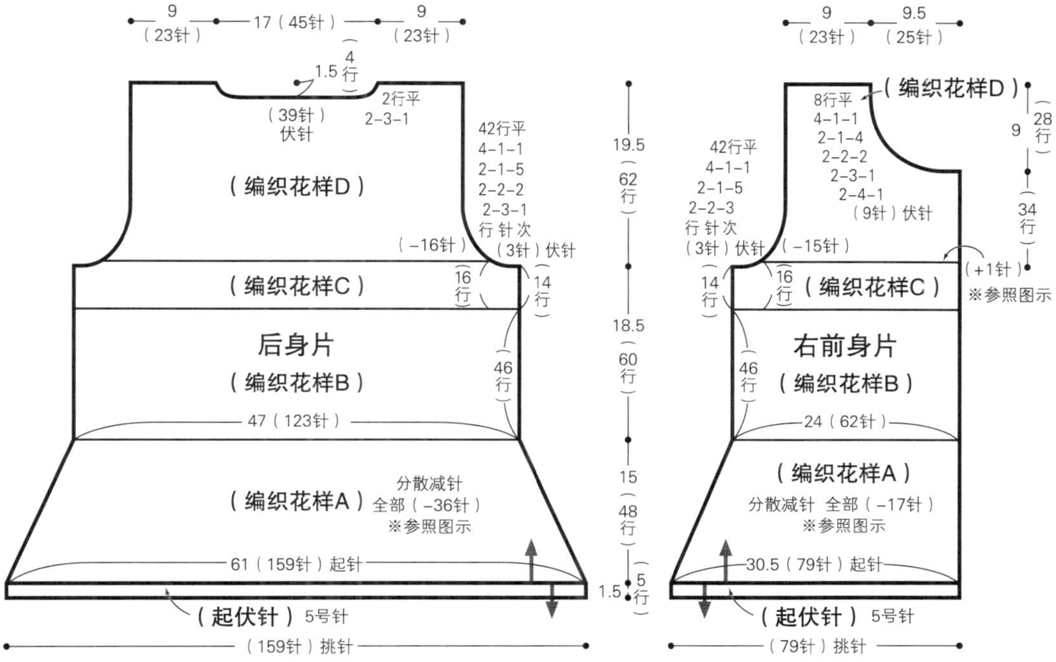

※除指定以外均用6号针编织

※对称编织左前身片

起伏针

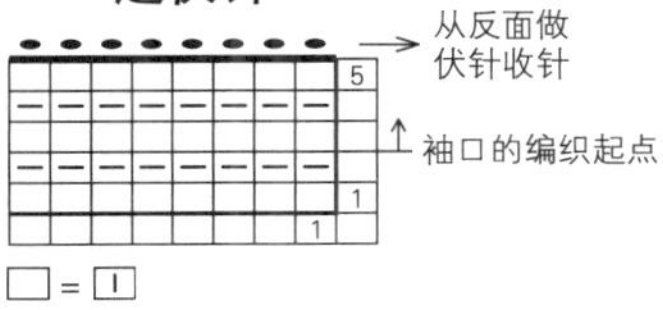

※转下一页

盖针接合

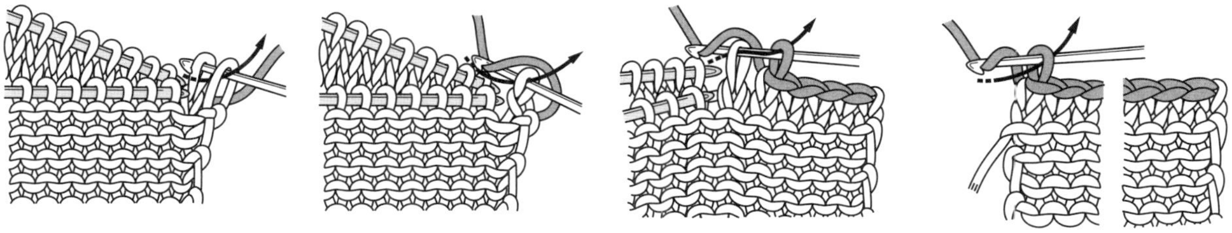

1 将2片织物正面相对，用钩针取下边上的2针，将后面的针目从前面的针目里拉出。

2 挂线，在刚才拉出的针目里引拔。

3 按步骤1、2的要领重复引拔。

4 结束时将线头拉出，收紧。

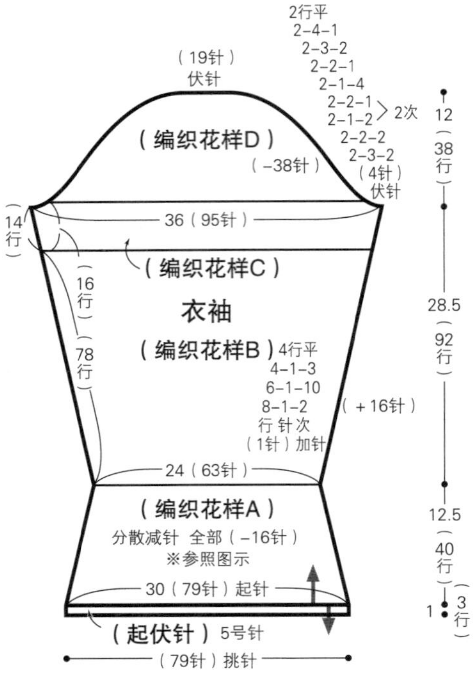

衣领、前门襟（边缘编织）4号针

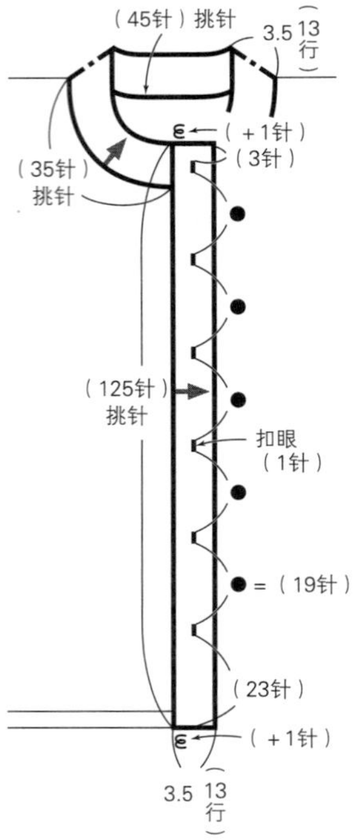

边缘编织

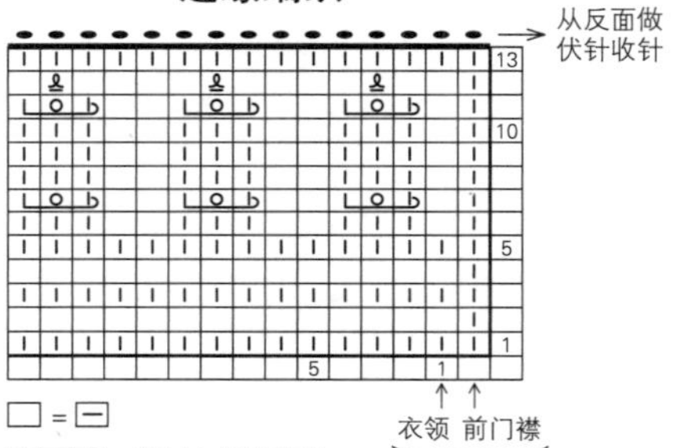

□ = ⊟

= 穿过左针的盖针（3针的情况）

※编织方法请参照p.45

扣眼（右前门襟）

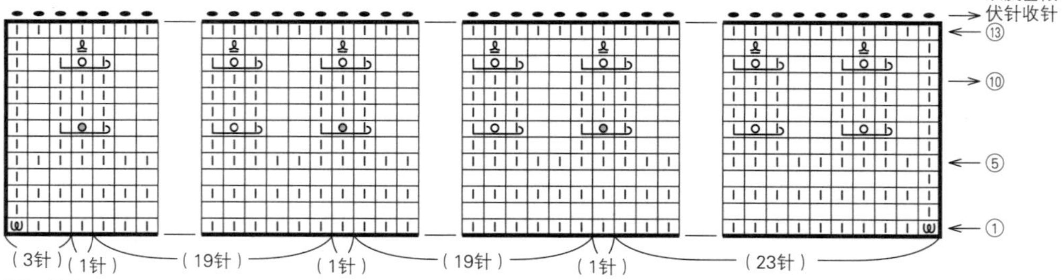

□ = ⊟

= 穿过左针的盖针（3针的情况）

= 扣眼（利用花样的空隙）

= 卷针

编织花样A

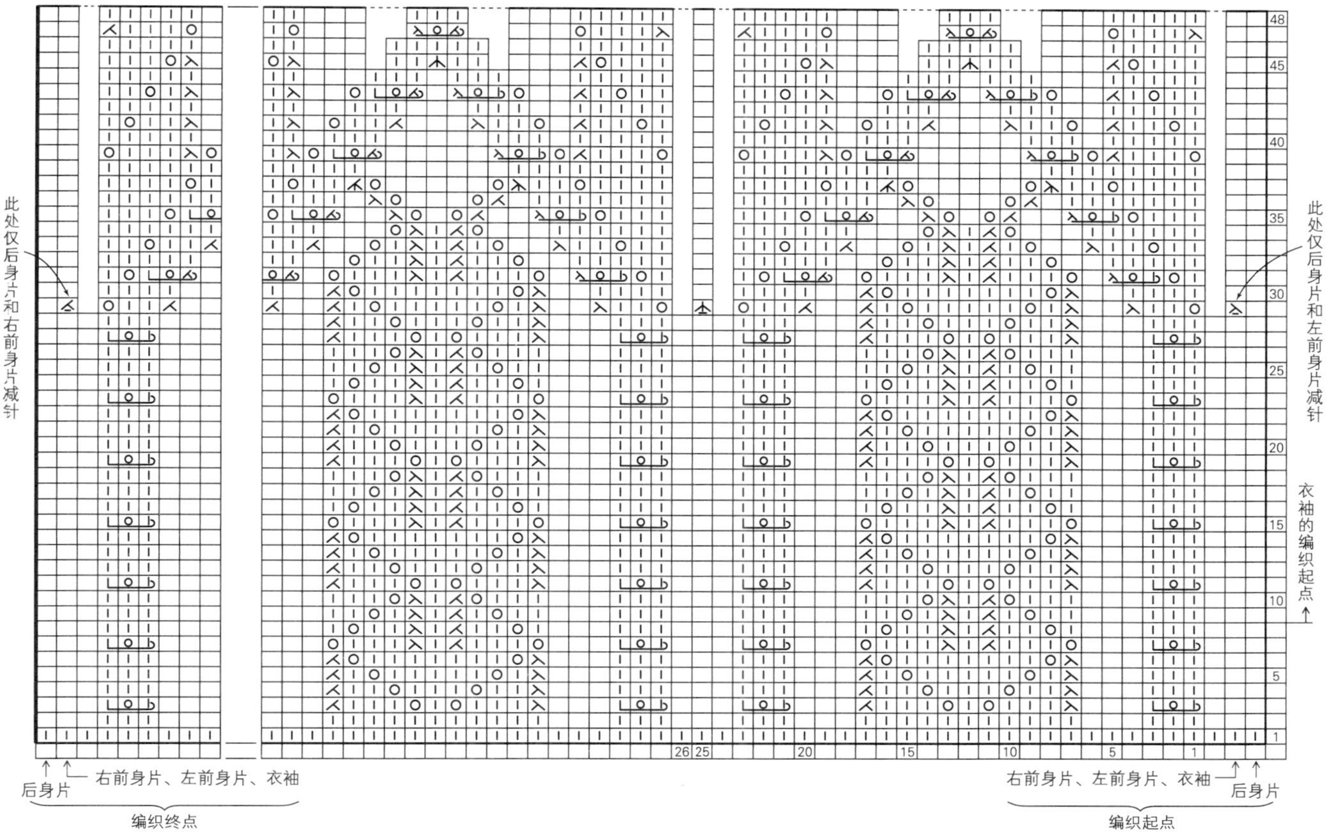

□ = ⊟

从反面编织时

= 穿过左针的盖针（3针的情况） ※编织方法请参照p.45

= 穿过左针的盖针和右上2针并1针 ※编织方法请参照p.101

= 穿过左针的盖针和左上2针并1针

= 穿过左针的盖针中，第1针编织左上2针并1针，第3针编织右上2针并1针

编织花样B

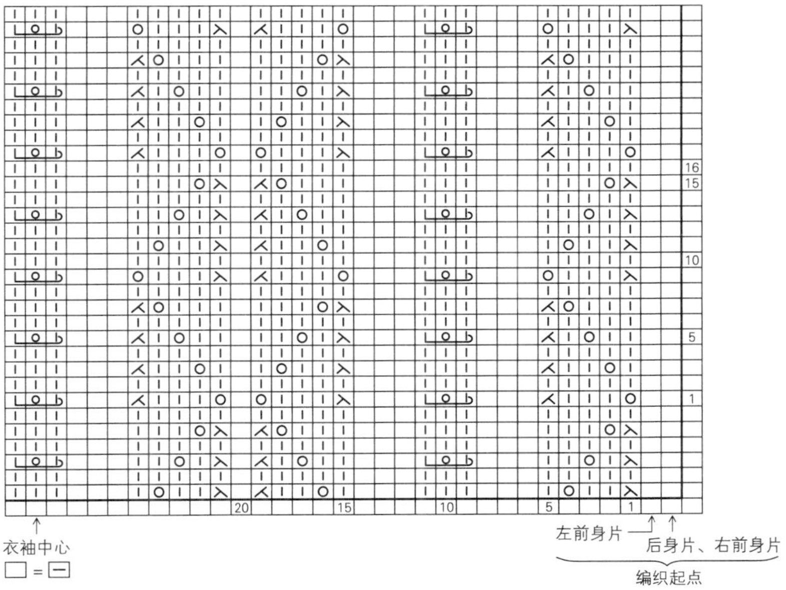

□ = ⊟

编织花样C

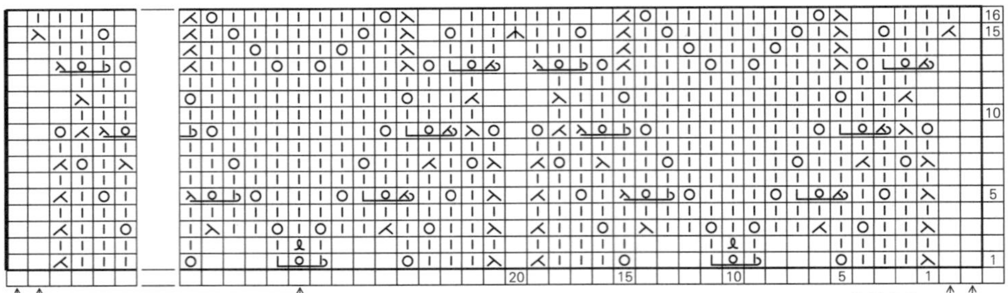

□ = ⊟

编织花样D

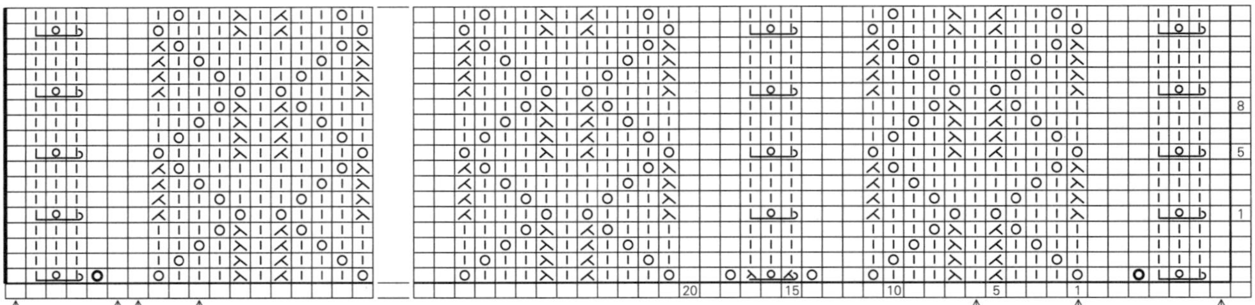

□ = ⊟　**o** = 前身片的加针位置

= 穿过左针的盖针（3针的情况）

= 穿过左针的盖针中，第1针编织左上2针并1针，第3针编织右上2针并1针

后身片袖窿的减针

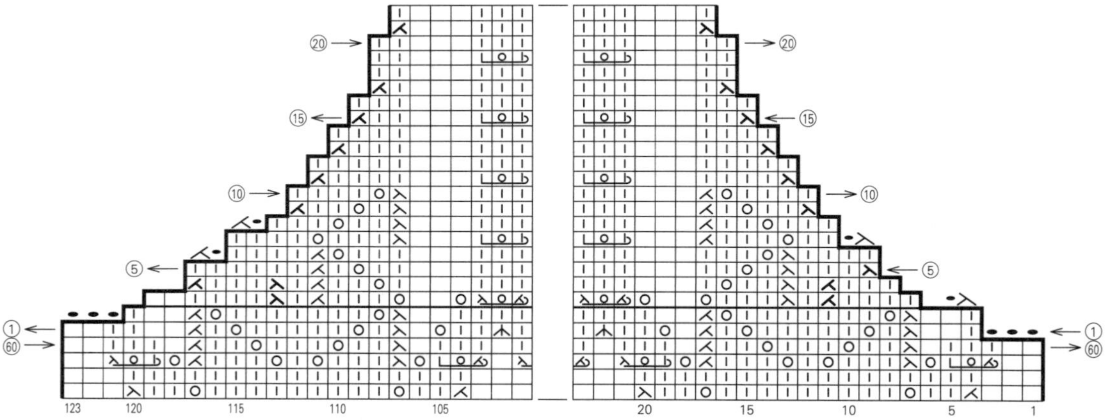

□ = ⊟

右前袖窿的减针

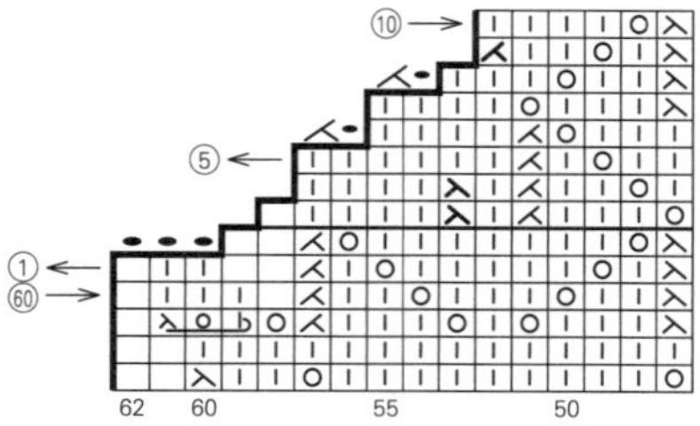

□ = ⊟

左前袖窿的减针

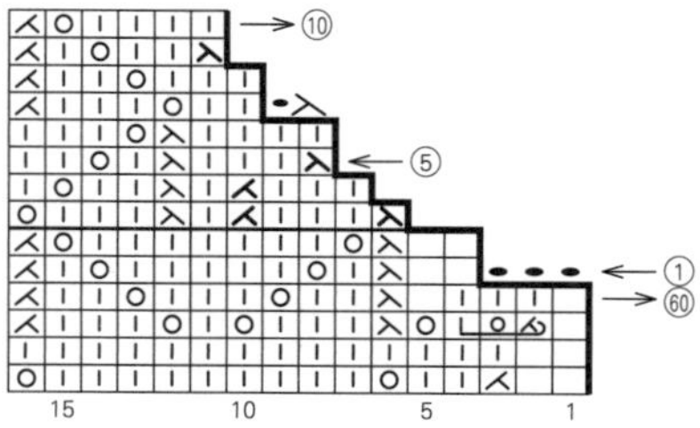

□ = ⊟

穿过左针的盖针（3针的情况）

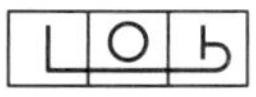

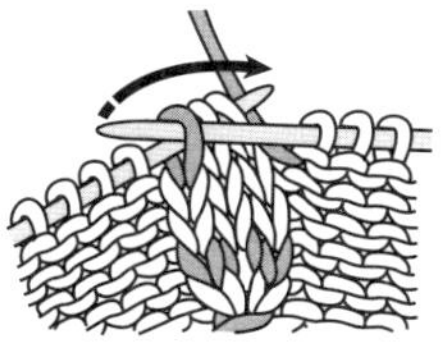

1 在左棒针第3针里插入右棒针，如箭头所示将其覆盖在右边的2针上。

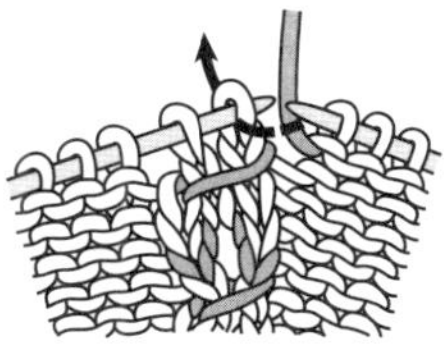

2 在右边的针目里从前往后插入右棒针，编织下针。

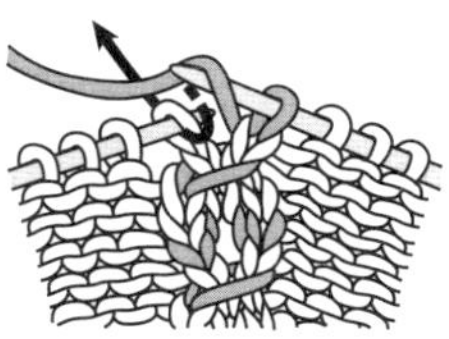

3 接着挂针，在左边的针目里插入右棒针编织下针。

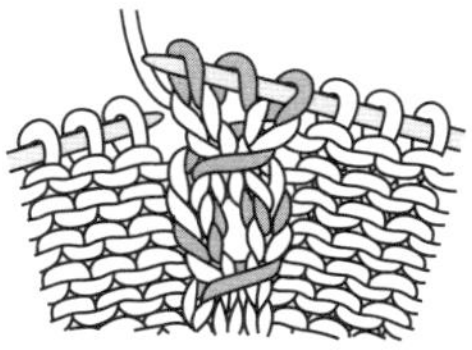

4 穿过左针的盖针（3针的情况）完成。

袖下的加针

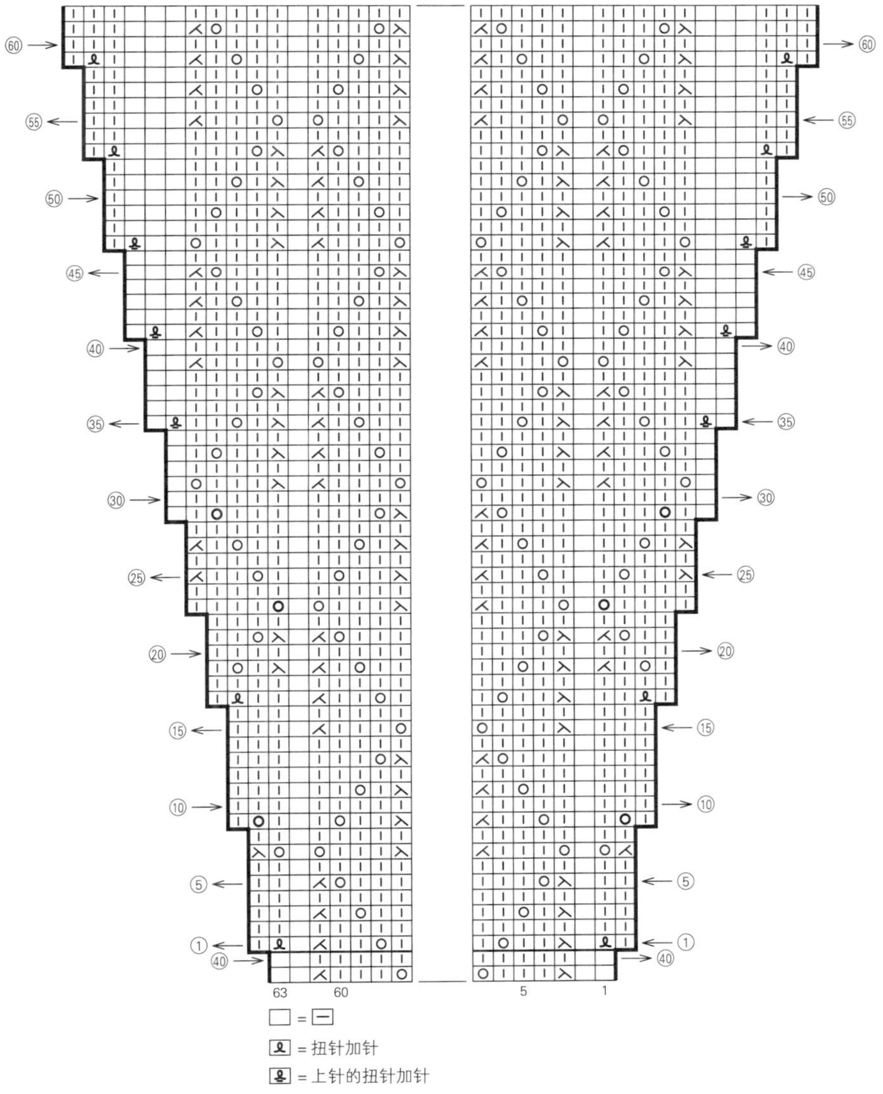

袖山的减针

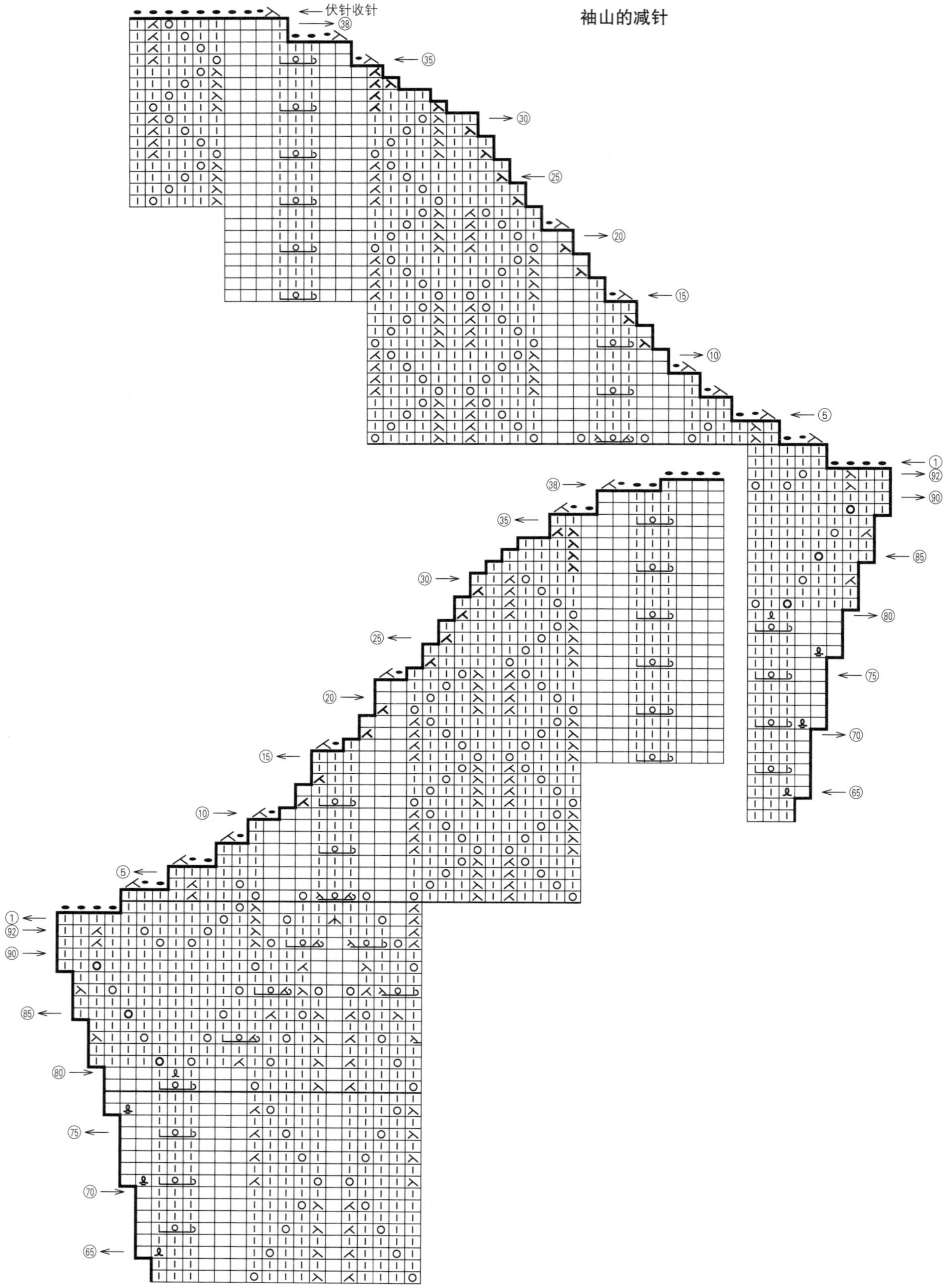

□ = ⊟

= 扭针加针

= 上针的扭针加针

02 p.6

●**材料和工具**　马海毛和锦纶混纺的毛线（中粗）浅灰色 300g
棒针7号、6号、5号，钩针3/0号

●**成品尺寸**　胸围94cm，肩宽34cm，衣长55.5cm，袖长54cm

●**编织密度**　10cm×10cm面积内：编织花样A 24.5针，33行（7号针）

●**编织要点**　**身片、衣袖**…手指挂线起针后，按编织花样A编织。身片一边调整编织密度一边编织。袖窿、领窝、袖山的减针和袖下的加针分别参照图示编织。下摆、袖口挑取指定数量的针目后，一边分散加针一边按编织花样B编织，编织终点交替编织下针和上针做伏针收针。

组合…装饰领另线锁针起针后，一边分散加针一边按编织花样B'环形编织，编织终点与下摆一样收针。肩部做盖针接合，胁部、袖下做挑针缝合。衣领挑取指定数量的针目后环形编织边缘，编织1行后将装饰领重叠在上面一起编织第2行，继续编织2行。编织终点做单罗纹针收针。衣袖与身片之间做引拔缝合。

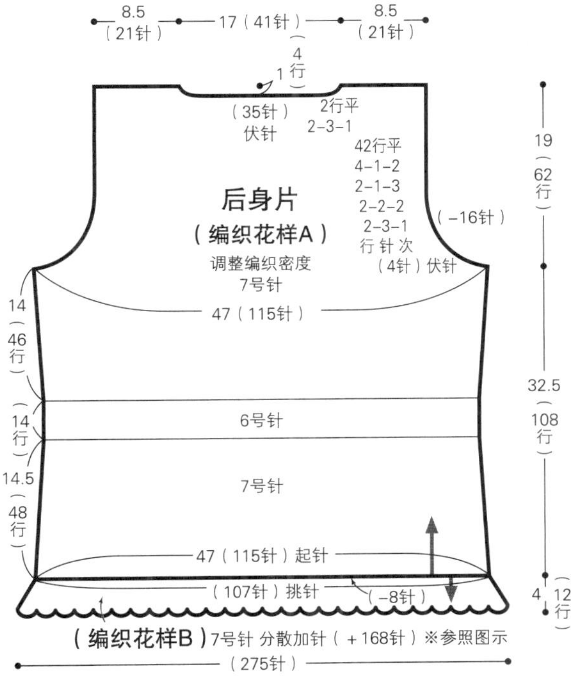

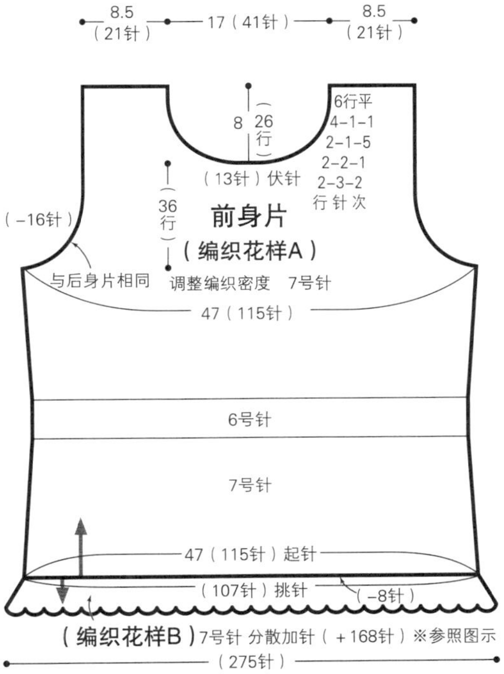

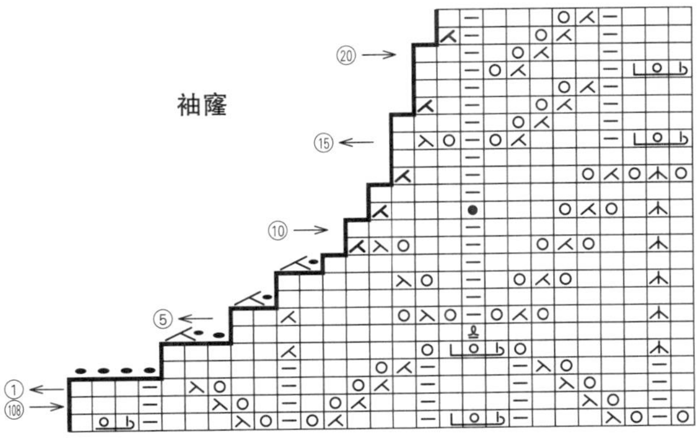

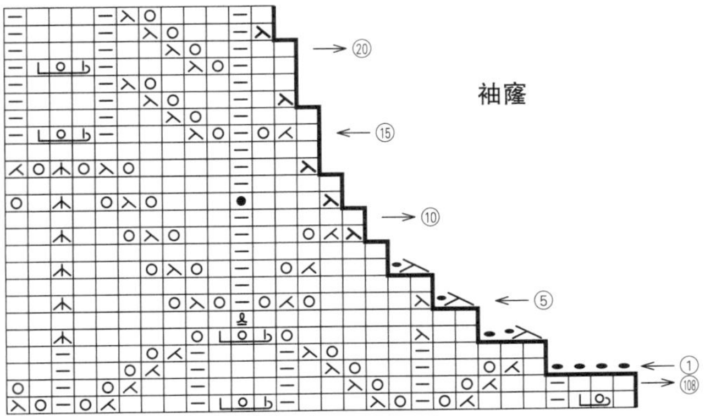

□ = ⊟

▣ = （3/0号针）※编织方法请参照p.49

编织花样A

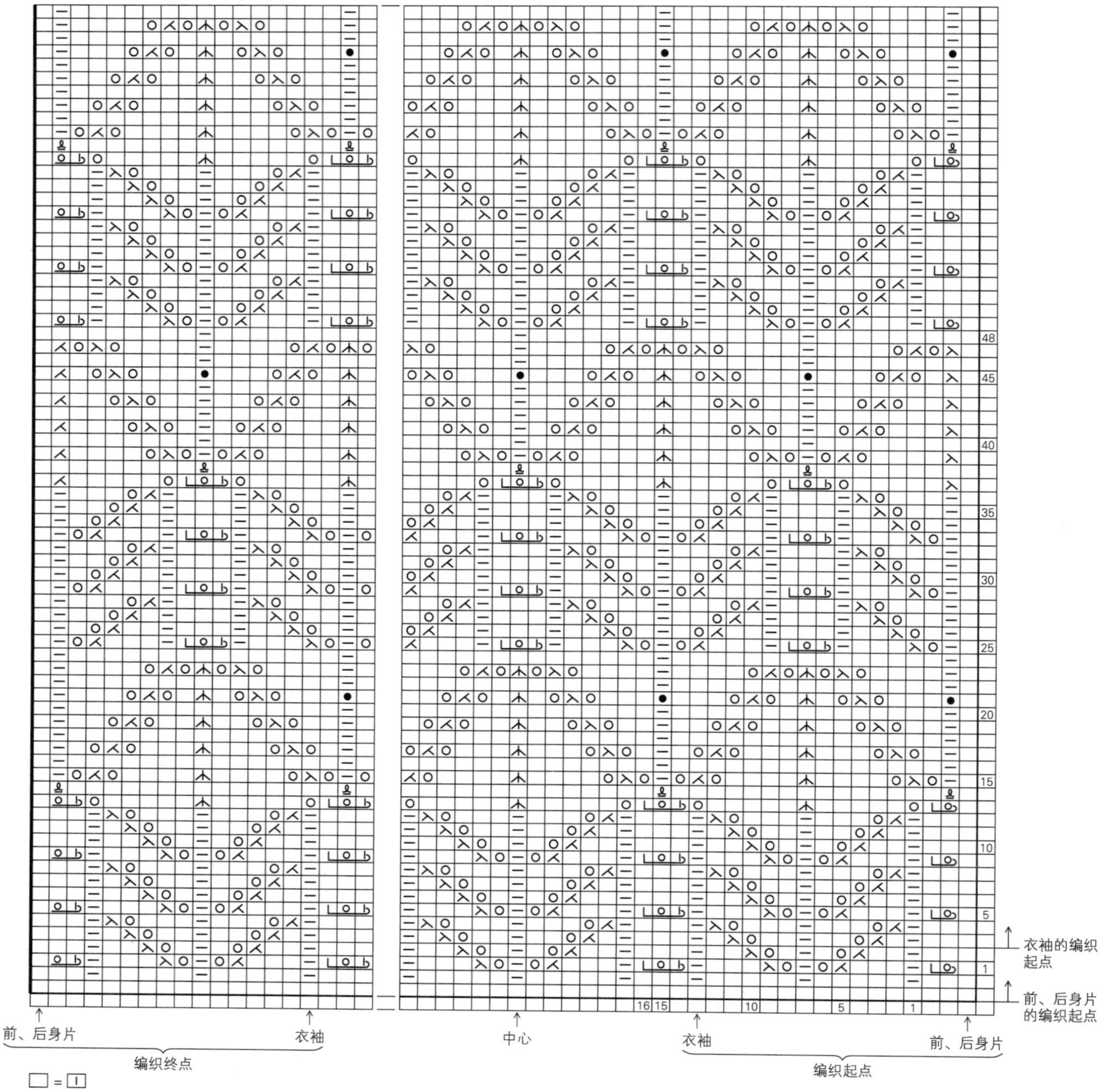

肋部结编部分的挑针缝合

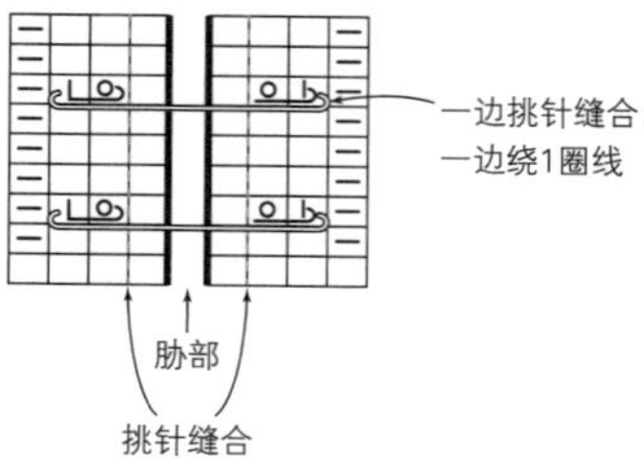

= 穿过左针的盖针（3针的情况）

※编织方法请参照p.45

= 穿过左针的盖针（2针的情况）

① 将针目2覆盖在针目1上

② 挂针

③ 在针目1里编织下针

= 穿过左针的盖针（2针的情况）

① 将针目2覆盖在针目1上

② 在针目1里编织下针

③ 挂针

= （3/0号针）

※编织方法请参照p.49

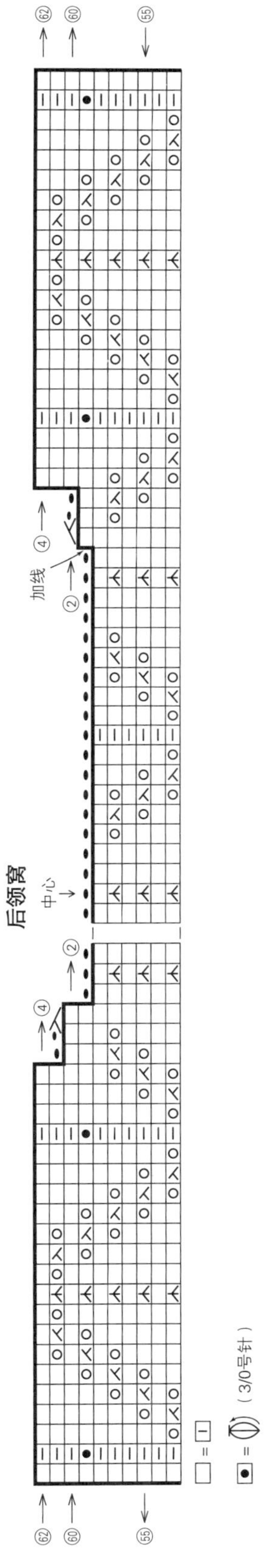

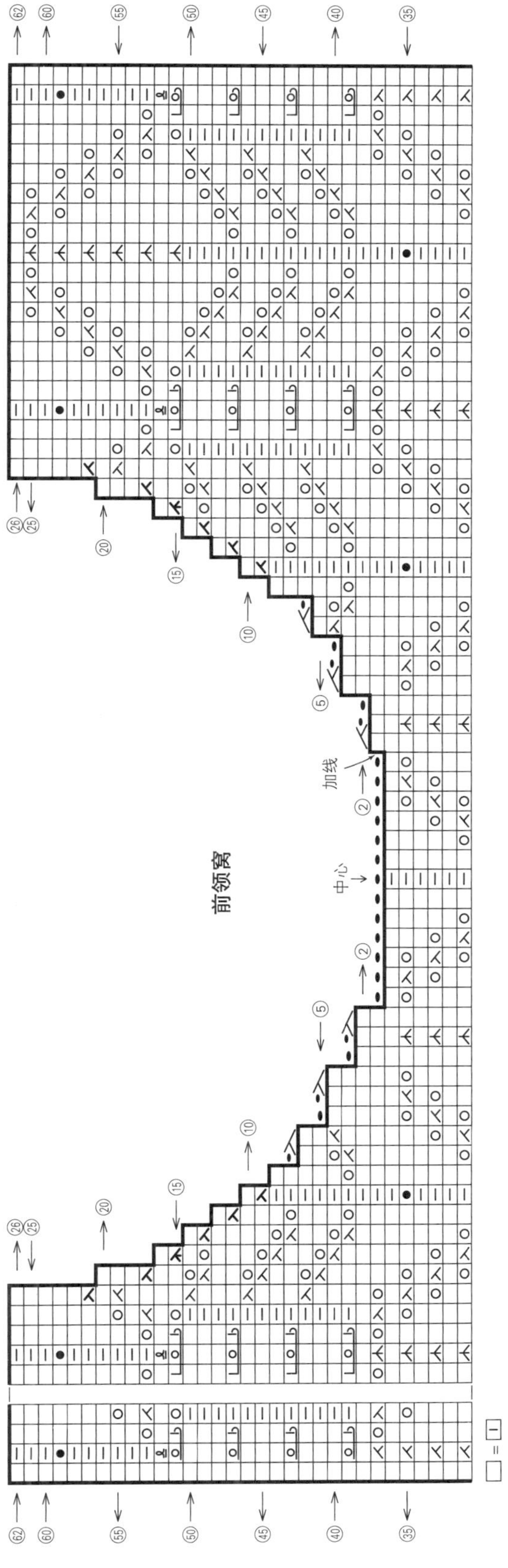

3针中长针的枣形针

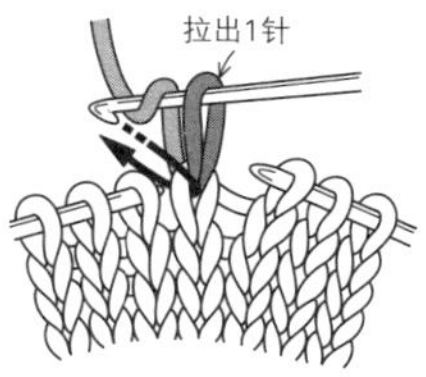

1 用钩针松松地拉出1针，在同一个针目里插入钩针，针头挂线，将线拉出。

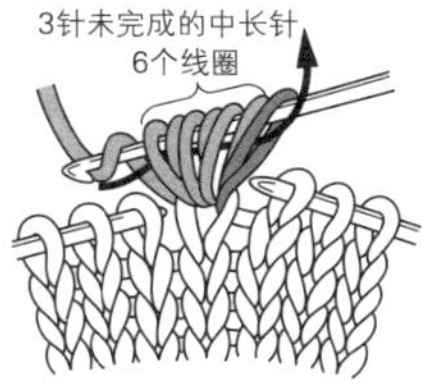

2 重复3次“针头挂线，将线拉出”，接着一次性引拔穿过针上的所有线圈。

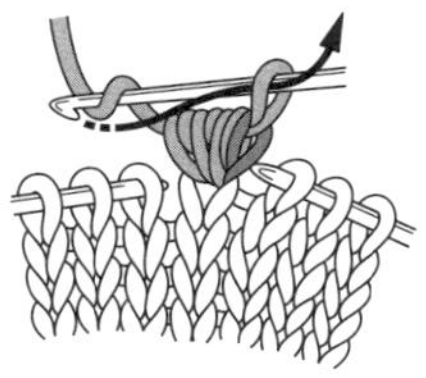

3 针头挂线，如箭头所示再次引拔，收紧针目。

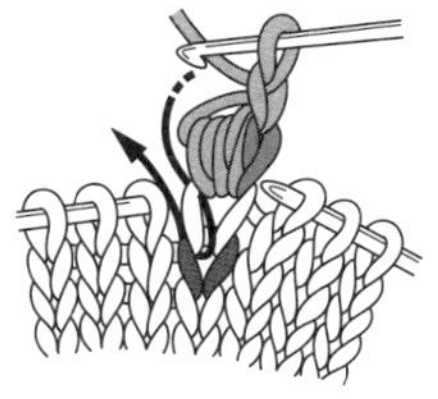

4 从反面将钩针插入编出枣形针的下面1行线圈里，将线圈拉出。

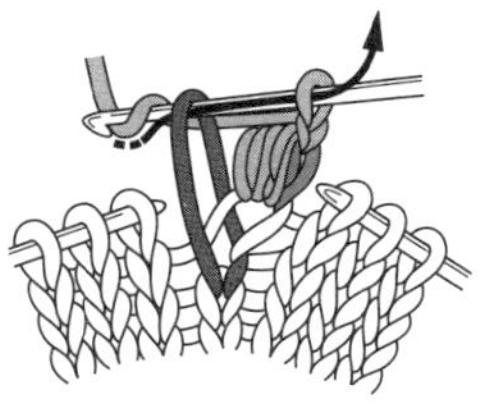

5 针头挂线，一次性引拔穿过2个线圈，再将针目移至右棒针上。

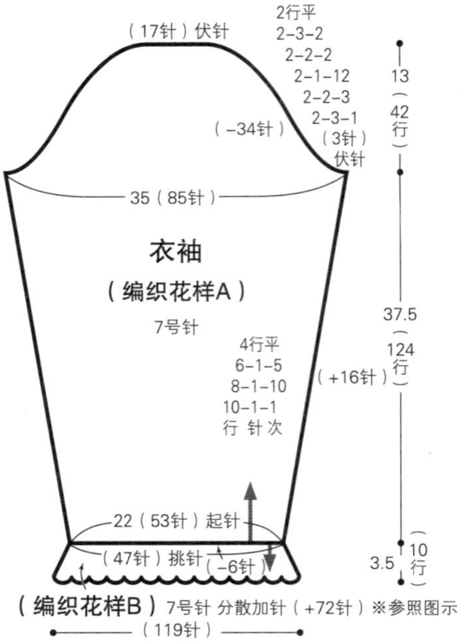

衣领

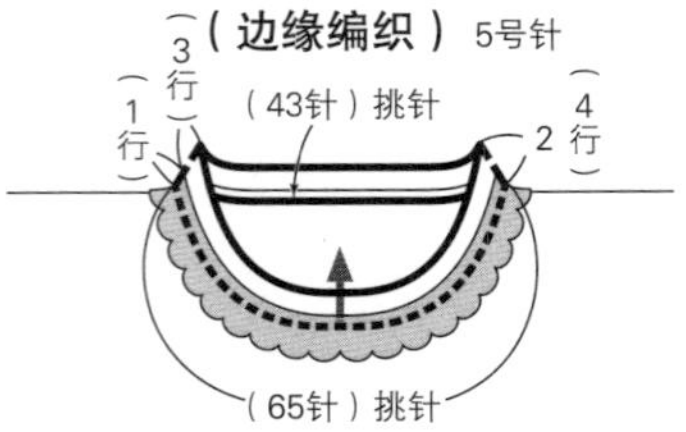

编织1行边缘后，解开装饰领另线锁针时的起针重叠在上面，在2层针目里一边挑针一边编织第2行。由于挑针数比装饰领的起针数多出3针，所以后侧有3处不要从装饰领上挑针。

边缘编织

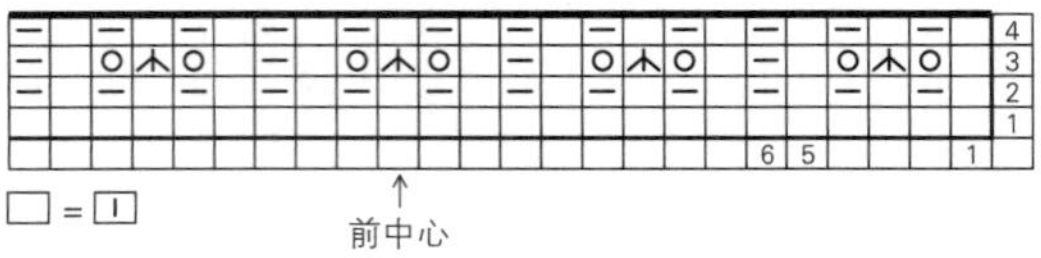

□ = ⊡

装饰领（编织花样B'）7号针

分散加针（+126针）※参照图示

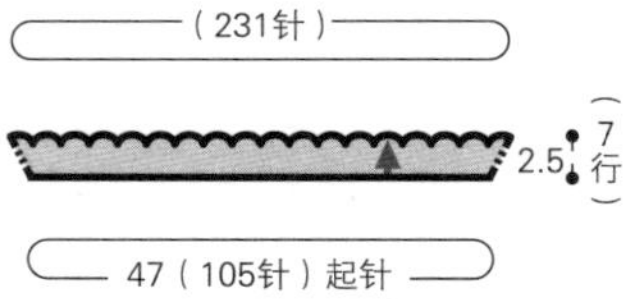

编织花样B（下摆）

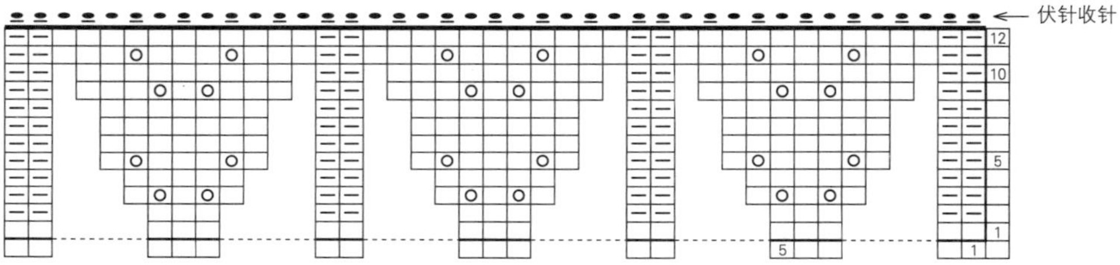

□ = ⊡

● = 下针的伏针收针

⊜ = 上针的伏针收针

编织花样B（袖口）

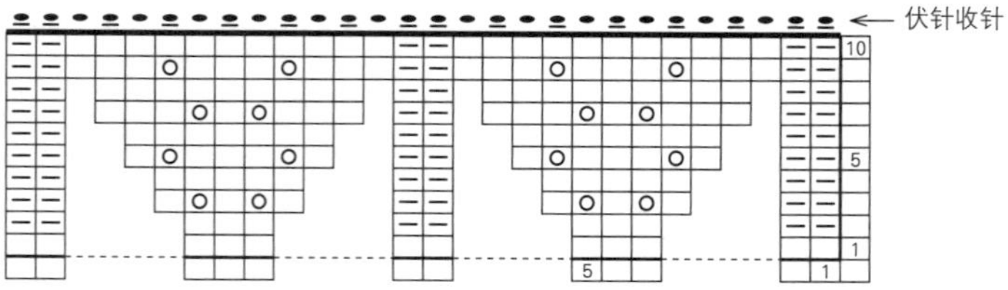

□ = ⊡

● = 下针的伏针收针

⊜ = 上针的伏针收针

编织花样B'

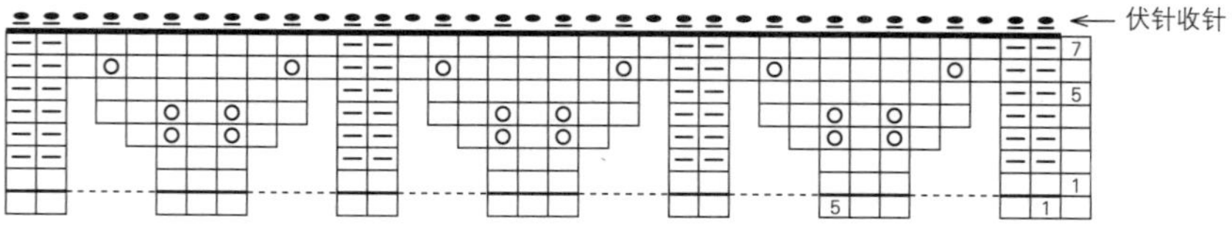

□ = ⊡

● = 下针的伏针收针

⊜ = 上针的伏针收针

接着编织
p.52的★

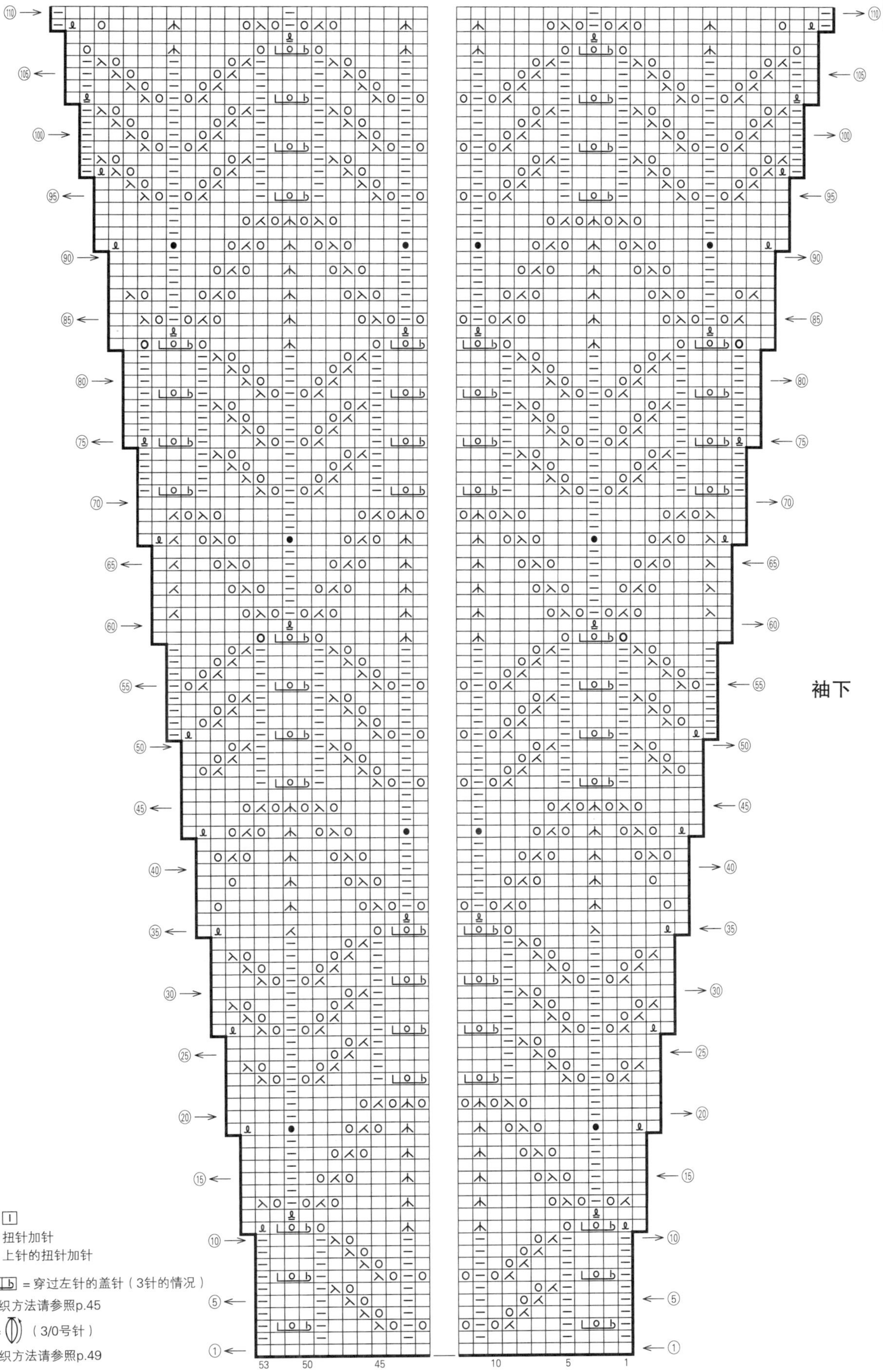

袖下

□ = 丨
= 扭针加针
= 上针的扭针加针

= 穿过左针的盖针（3针的情况）
※编织方法请参照p.45
● = （3/0号针）
※编织方法请参照p.49

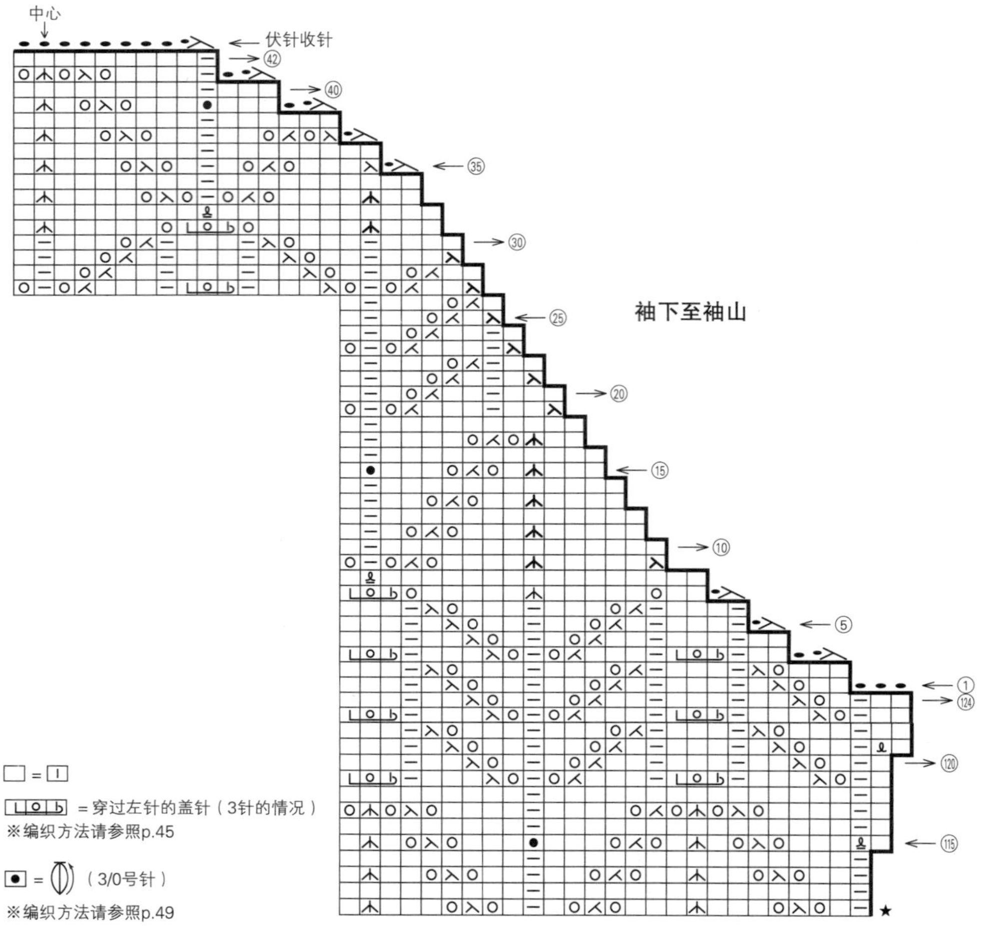

□ = 丨

[symbol] = 穿过左针的盖针（3针的情况）
※编织方法请参照p.45

● = [symbol]（3/0号针）
※编织方法请参照p.49

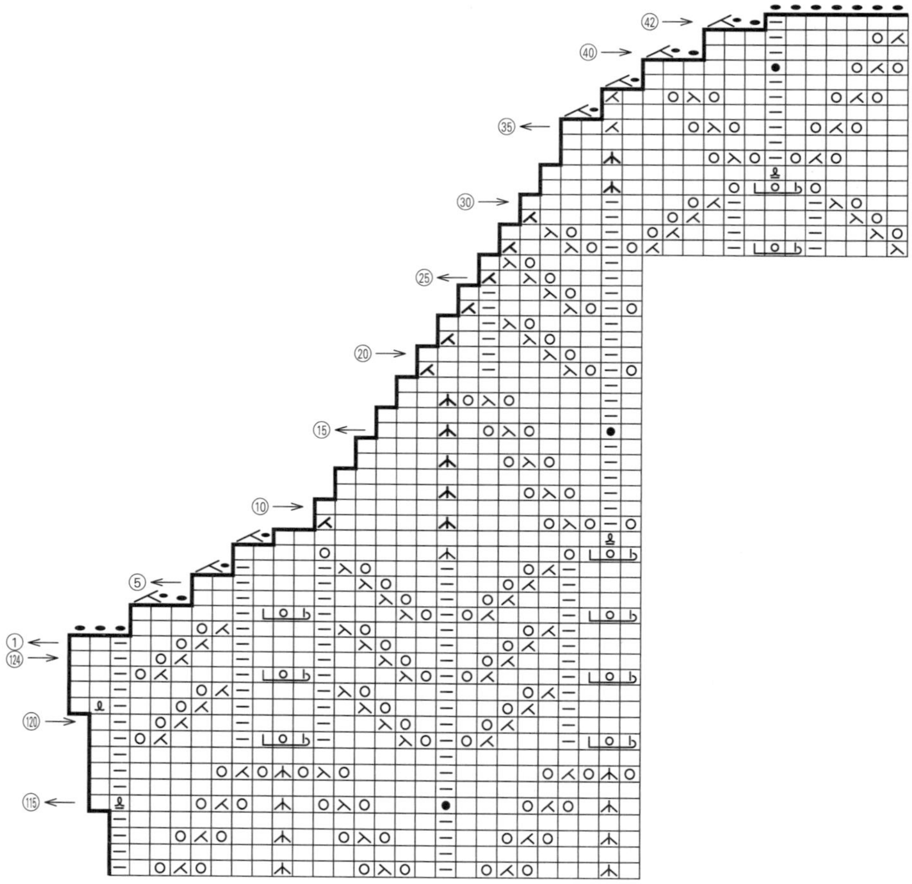

03 p.9

●**材料和工具** 钻石线 Diamohairdeux〈Alpaca〉灰色（703）230g/6团
棒针7号、6号

●**成品尺寸** 胸围104cm，衣长49.5cm，连肩袖长68cm

●**编织密度** 10cm×10cm面积内：编织花样24针，28.5行

●**编织要点** **身片、衣袖**…手指挂线起针后，开始做上针编织和编织花样。领窝参照图示减针。加针是在1针内侧做扭针加针。下摆、袖口、衣领与身片一样起针后，分别按边缘编织A、B、C编织。编织终点休针，再与编织起点做下针无缝缝合，连接成环形。

组合…肩部做盖针接合。衣袖与身片之间做针与行的接合。胁部、袖下做挑针缝合。下摆、袖口做针与行的接合。衣领做针与行的接合以及挑针缝合。

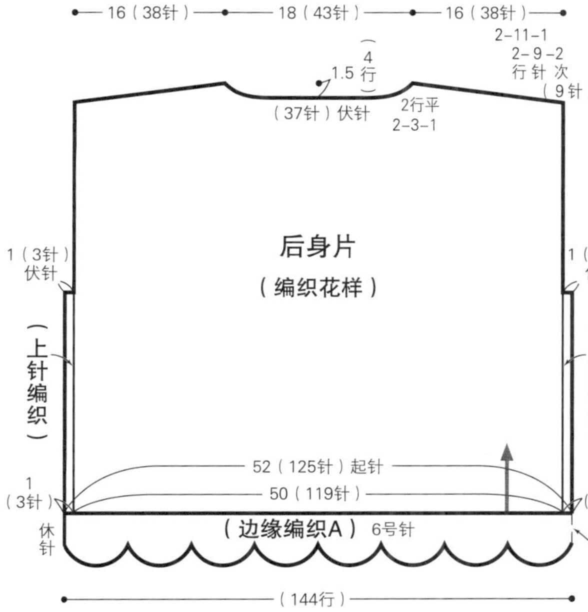

※ 除指定以外均用7号针编织

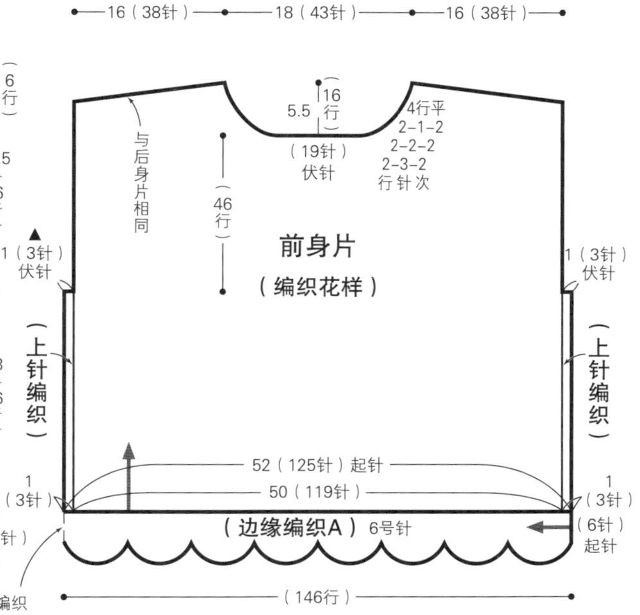

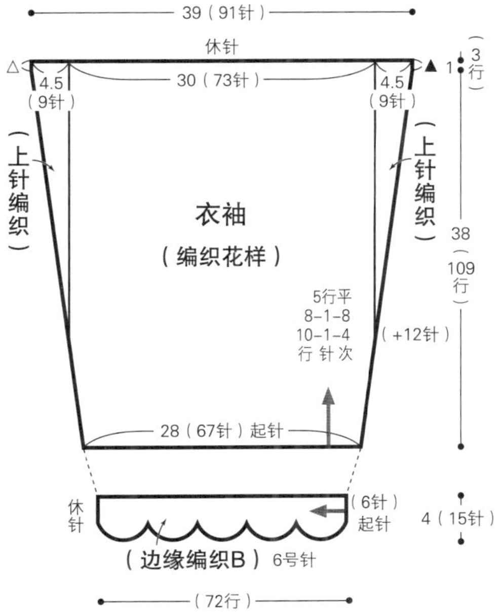

※对齐标记适用于右袖

衣领（边缘编织C）

6号针

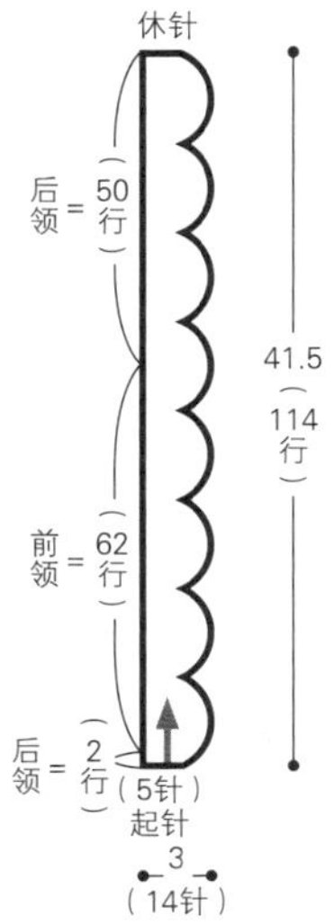

衣领的组合方法

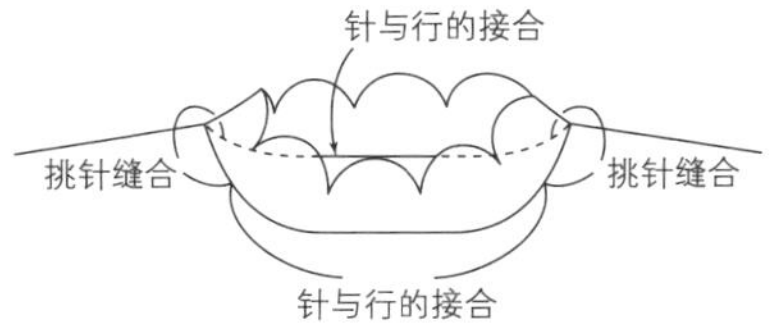

编织花样

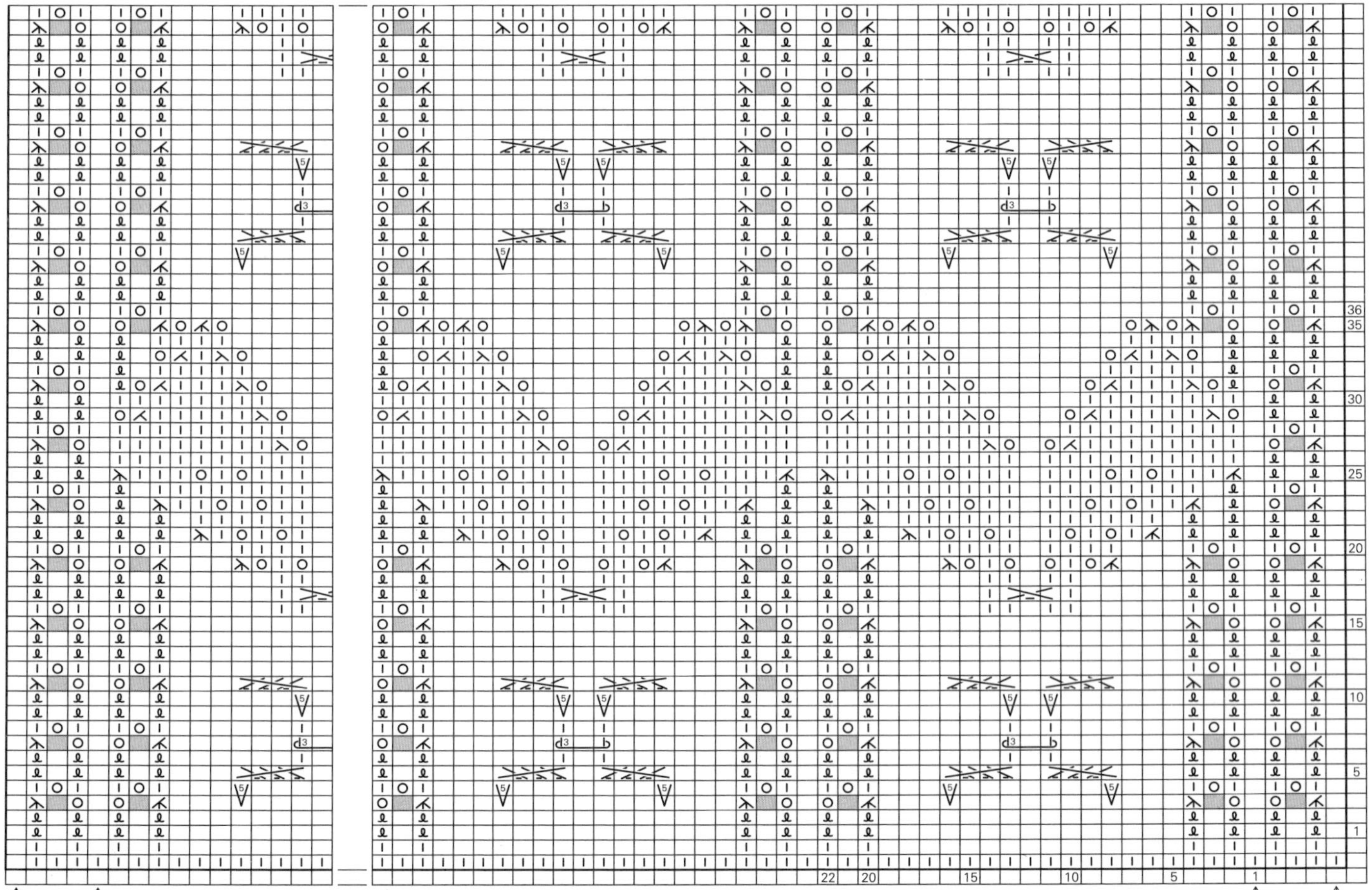

前、后身片　衣袖
编织终点

衣袖　前、后身片
编织起点

□ = ⊟
▨ = 无针目处

= 1针放5针的加针时，编织“2卷绕线编、2次挂针、2卷绕线编、2次挂针、2卷绕线编”，下一行解开绕线针目，编织5针滑针

= 将前一行的5针滑针移至麻花针上放在织物的前面，在针目2、3、4里编织上针，再在麻花针上的5针里编织右上5针并1针

= 将针目1、2、3移至麻花针上放在织物的后面，在前一行的5针滑针里编织左上5针并1针，再在麻花针上的3针里编织上针

= 3卷结编　※编织方法请参照p.101

= 右上1针交叉（中间有1针上针）

后领窝

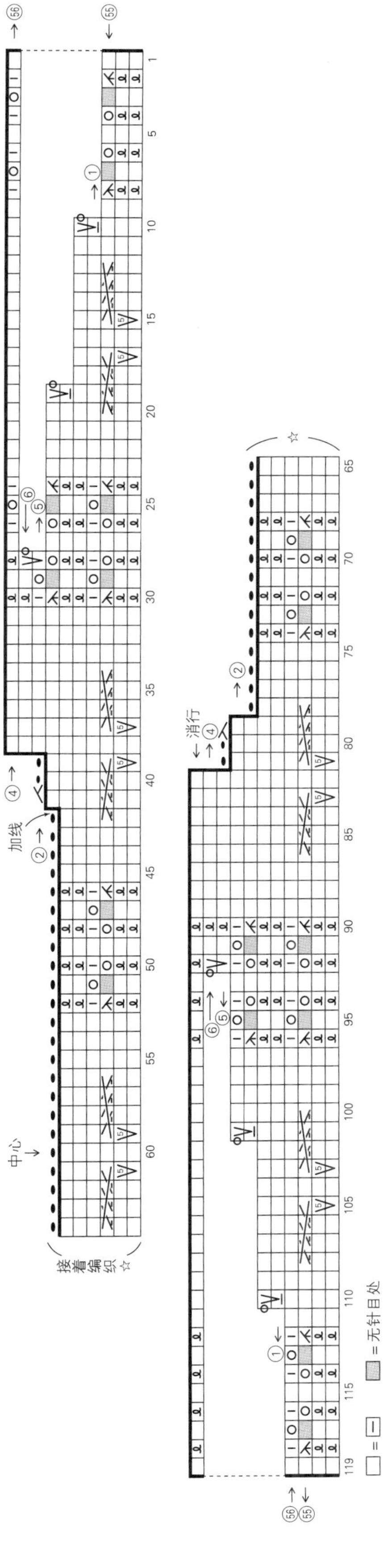

前领窝

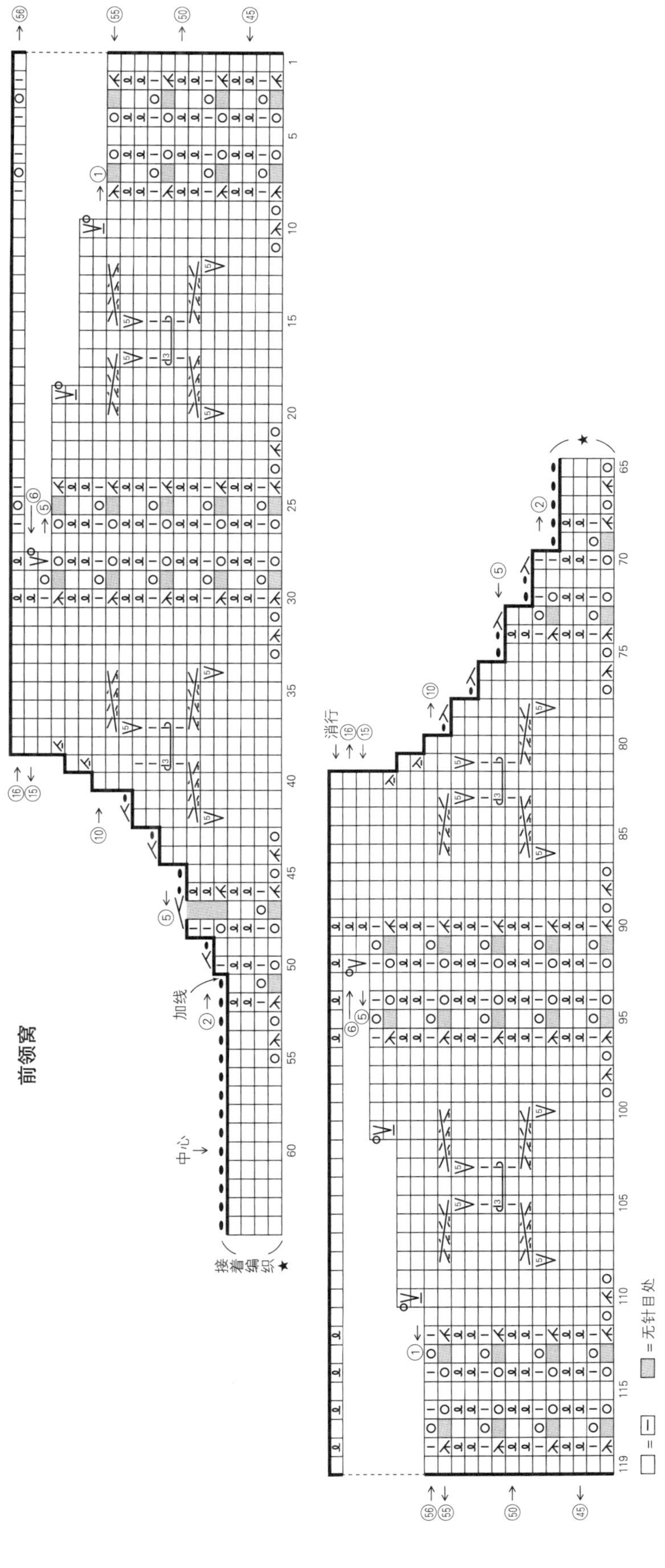

袖下的加针

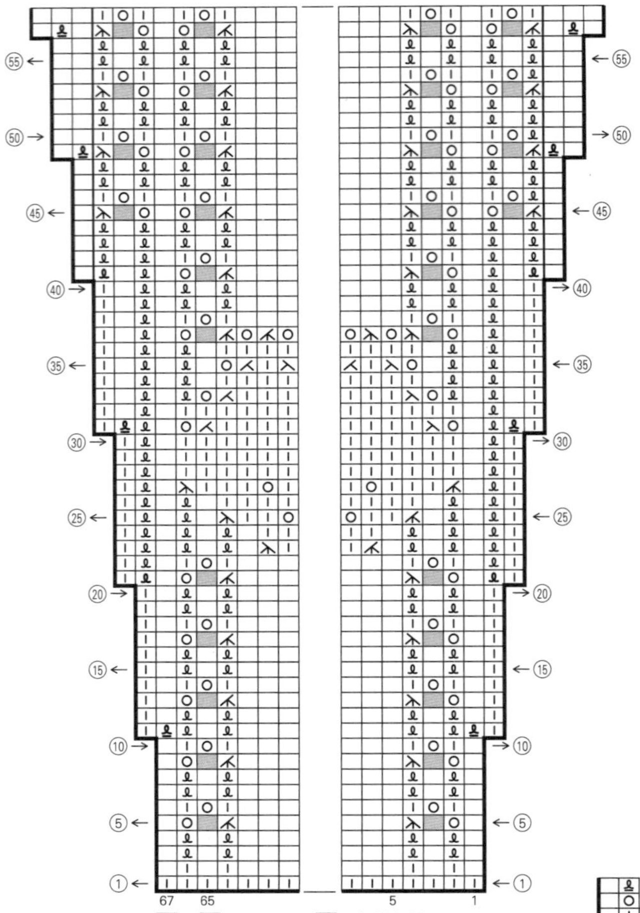

□ = [—]　[扭针符号] = 扭针加针

▨ = 无针目处　[上针扭针符号] = 上针的扭针加针

边缘编织A

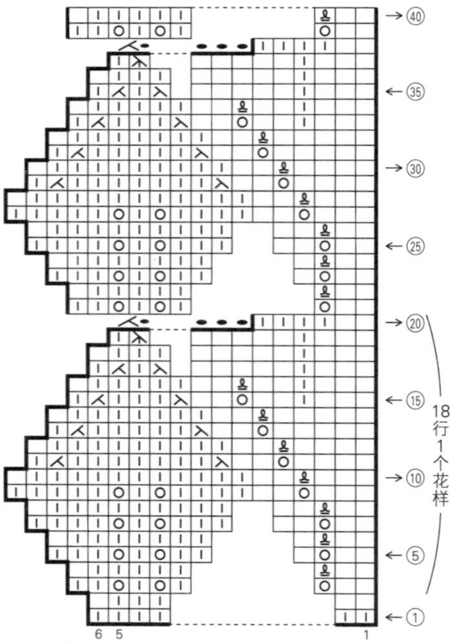

□ = [—]

边缘编织B 2片

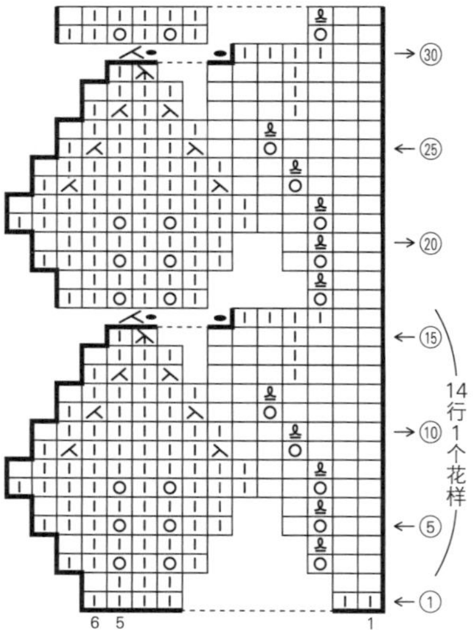

□ = [—]

边缘编织C

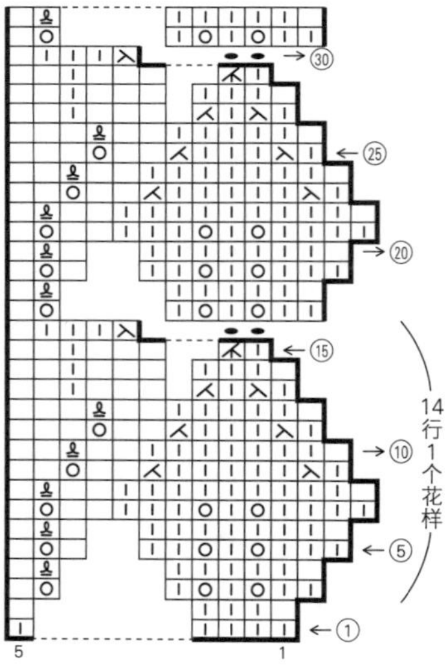

□ = [—]

第16行的编织方法

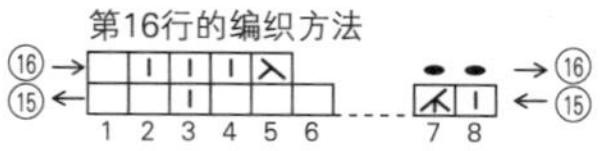

按符号图编织针目1、2、3、4。将针目5、6移至右棒针上，将左棒针上的针目8覆盖在针目7上。再将针目6移回至左棒针上，将针目7覆盖在针目6上。最后将针目5移回至左棒针上，编织上针的右上2针并1针

●**材料和工具**　钻石线 Diadomina〈Novum〉银灰色（532）120g/3团
棒针8号、7号

●**成品尺寸**　宽20cm，颈围114cm

●**编织密度**　10cm×10cm面积内：编织花样B 27针，25.5行；编织花样C 27针，28行

●**编织要点**　另线锁针起针后，按编织花样A、B编织。接着更换针号，减1针，按编织花样A、C继续编织。编织终点做休针处理。解开另线锁针挑针，再与编织终点做引拔接合。

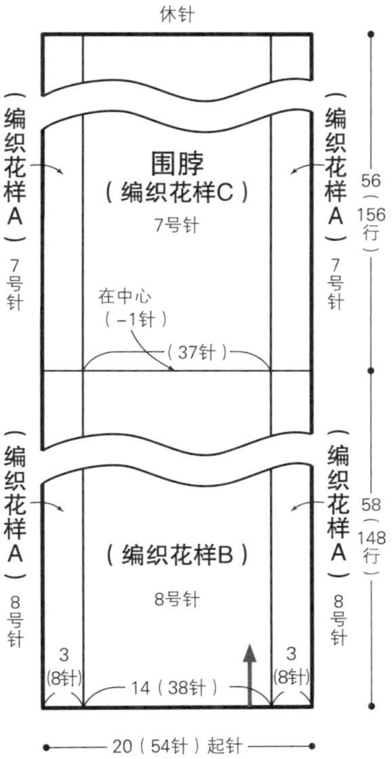

编织花样C

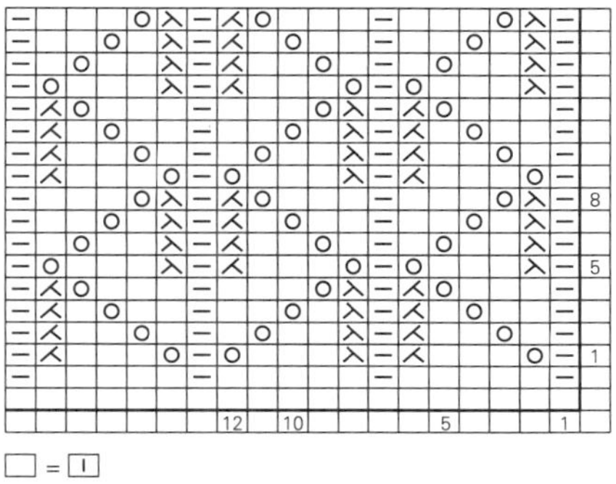

编织花样A

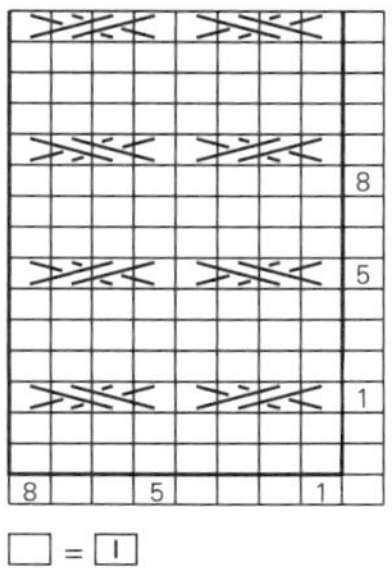

编织花样B

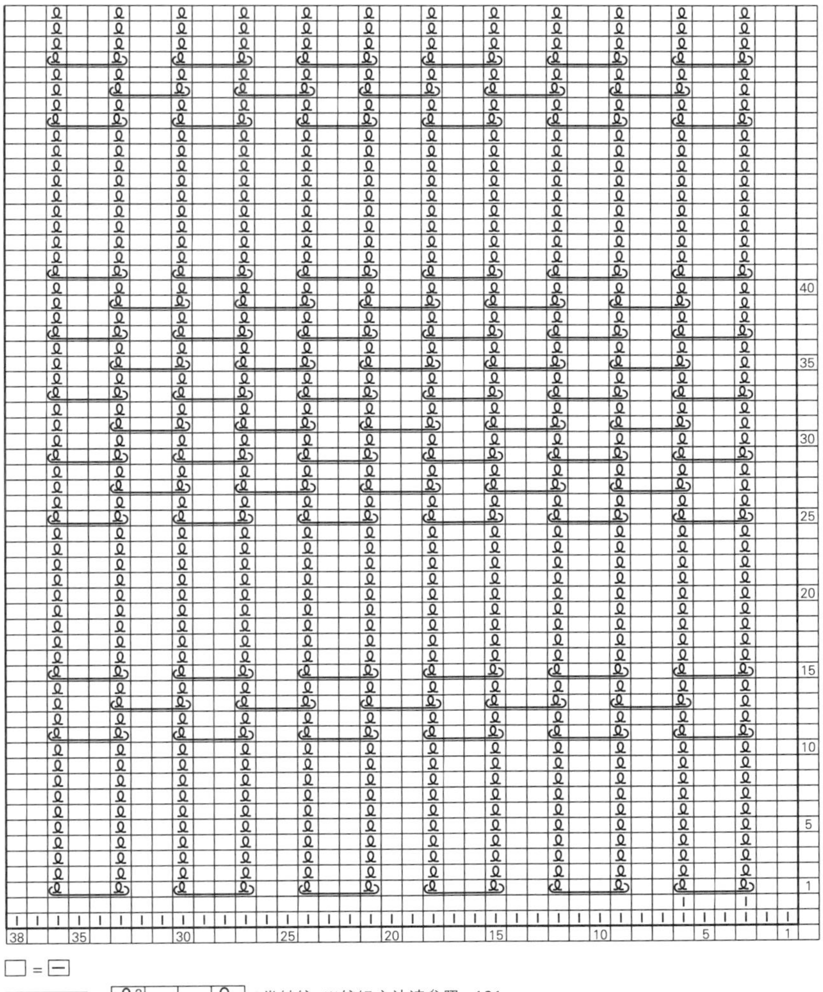

2卷结编　※编织方法请参照p.101

04 p.10

●**材料和工具** 钻石线 Diadomina〈Novum〉灰色（502）240g/6团
棒针8号、6号

●**成品尺寸** 胸围106cm，衣长55.5cm，连肩袖长29.5cm

●**编织密度** 10cm×10cm面积内：上针编织21针，28行；编织花样B 26.5针，28行
编织花样A的1个花样8针3cm，10cm28行

●**编织要点** **身片**…另线锁针起针后，开始做上针编织和编织花样A、B。开衩止位和编织花样B的加减针参照图示编织。领窝减2针及以上时做伏针减针，减1针时立起侧边1针减针。下摆解开起针时的锁针挑针后编织双罗纹针，编织终点做双罗纹针收针。开衩处挑取指定数量的针目后编织双罗纹针，编织终点与下摆一样收针。

组合…肩部做盖针接合。袖口的编织方法与开衩处相同。衣领挑取指定数量的针目后环形编织双罗纹针，编织终点与下摆一样收针。胁部、袖口下端做挑针缝合，开衩的侧边做针与行的接合。

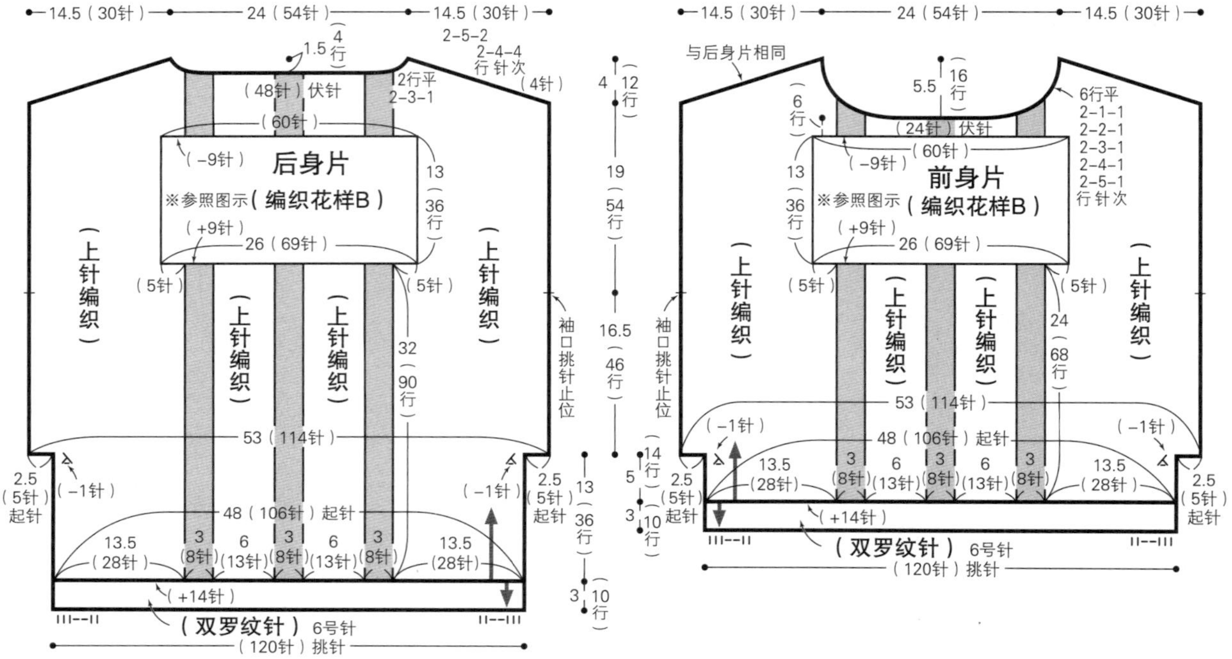

※除指定以外均用8号针编织
※[灰色块] =（编织花样A）

衣领、袖口（双罗纹针） 6号针

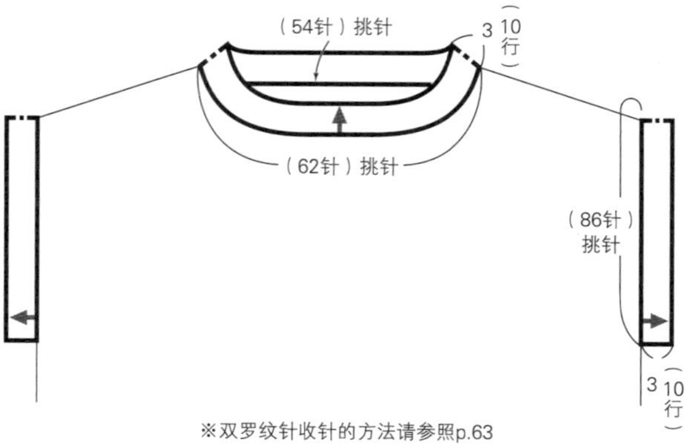

※双罗纹针收针的方法请参照p.63

开衩（双罗纹针） 6号针

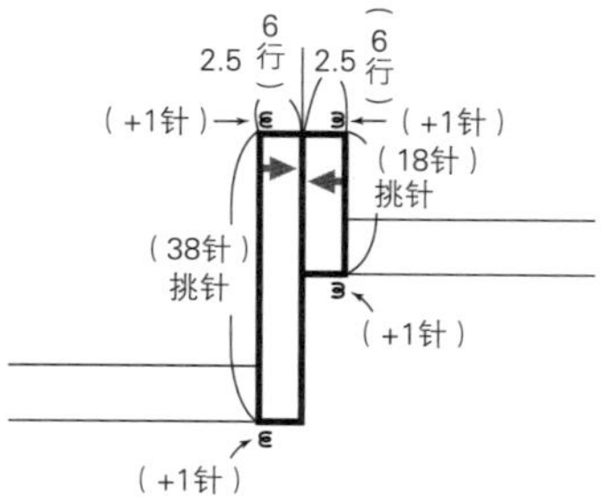

编织花样A

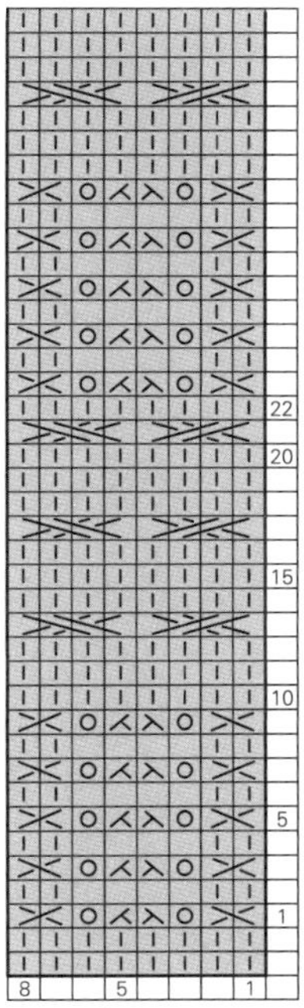

□ = ⊟

开衩止位（后身片）

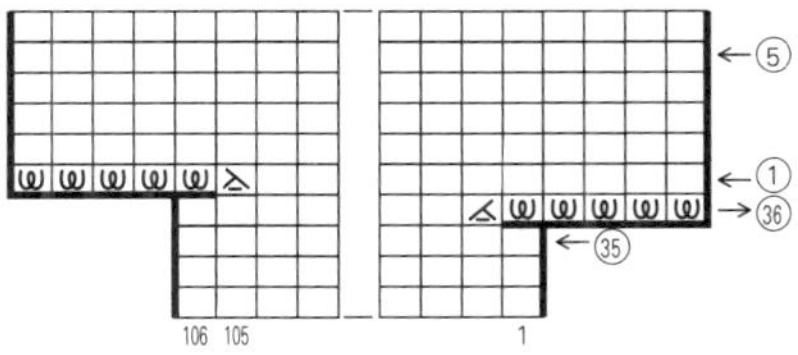

□ = ⊟

= 卷针加针（2针以上）

※编织方法请参照p.103

※前身片也用相同方法编织

双罗纹针

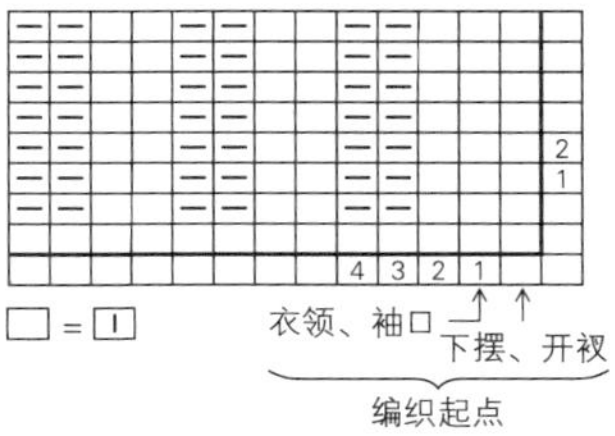

□ = Ⅰ

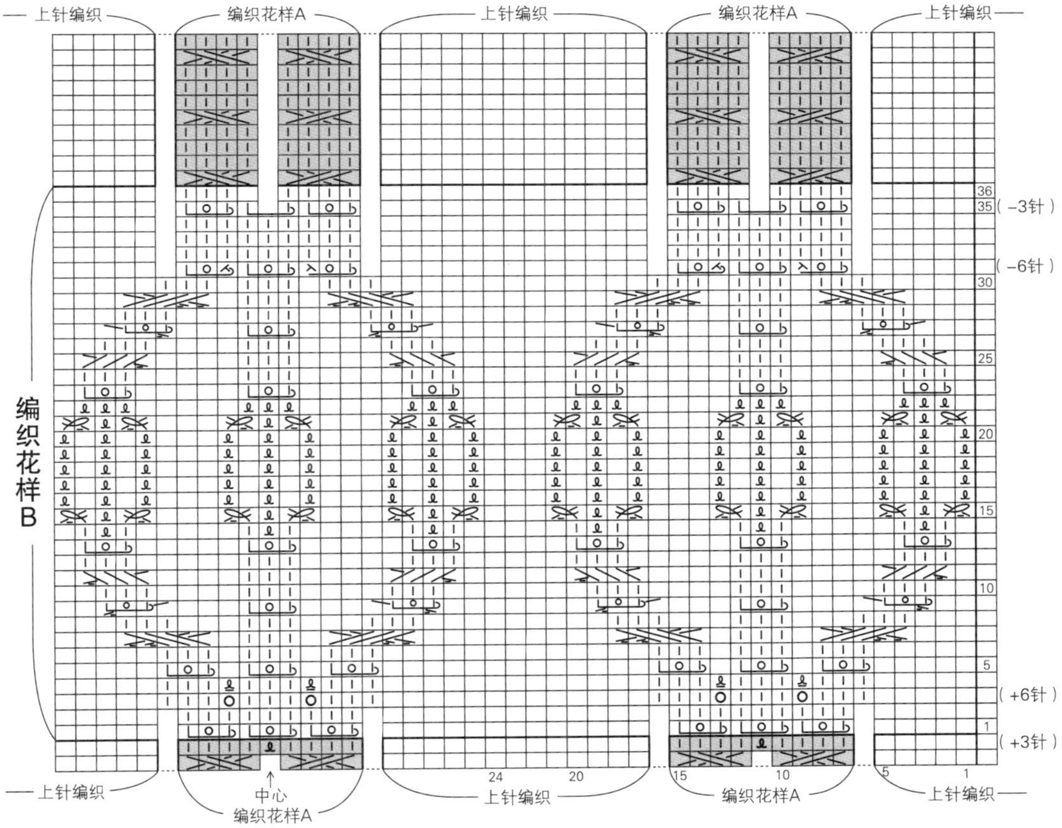

□ = ⊟

= 扭针加针

= 穿过左针的盖针的右上交叉（下方为1针上针）

※将针目1~3移至麻花针上放在织物的前面，在针目4里编织上针。再在针目1~3里编织穿过左针的盖针

= 穿过左针的盖针的左上交叉（下方为1针上针）

※将针目1移至麻花针上放在织物的后面，在针目2~4里编织穿过左针的盖针。再在针目1里编织上针

= 穿过左针的盖针和右上2针并1针

※编织方法请参照p.101

= 穿过左针的盖针和左上2针并1针

= 将针目3覆盖在针目1、2上，接着在针目1、2里编织下针，即减了1针

07 p.14

●**材料和工具**　钻石线 Diaadele　绿色（414）360g/9团
直径18mm的纽扣 4颗
棒针7号、6号、5号

●**成品尺寸**　胸围98cm，衣长62.5cm，连肩袖长27.5cm

●**编织密度**　10cm×10cm面积内：编织花样A 26针，30行；编织花样C 24针，30行

●**编织要点**　**身片**…手指挂线起针后开始编织起伏针，注意第1行是从反面编织的行。接着按编织花样A、B、C编织。编织花样B参照图示分散减针。领窝做伏针减针。
组合…肩部做盖针接合。衣领、袖口挑取指定数量的针目后，按编织花样D环形编织。衣领的前9行看着正面编织，从第10行开始翻转织物看着反面编织。编织终点做单罗纹针收针。从前身片的指定位置挑针，按编织花样D编织纽襻。最后在后身片缝上纽扣。

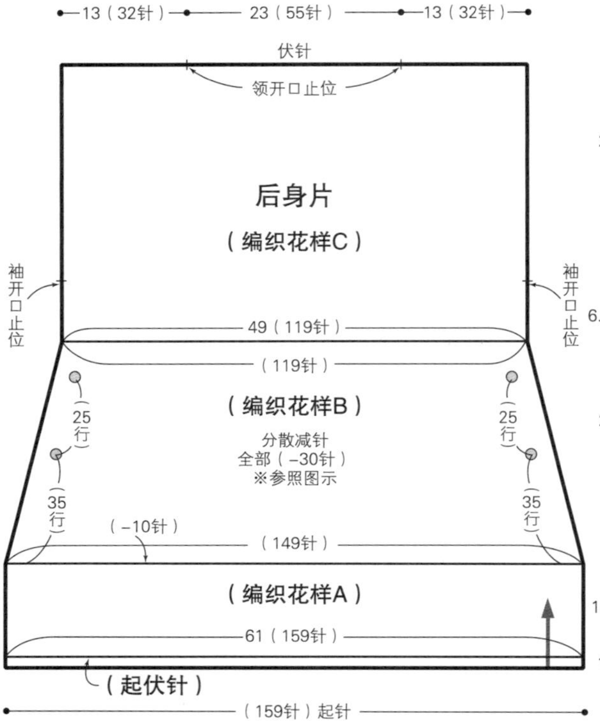

※除指定以外均用7号针编织
● = 缝纽扣的位置

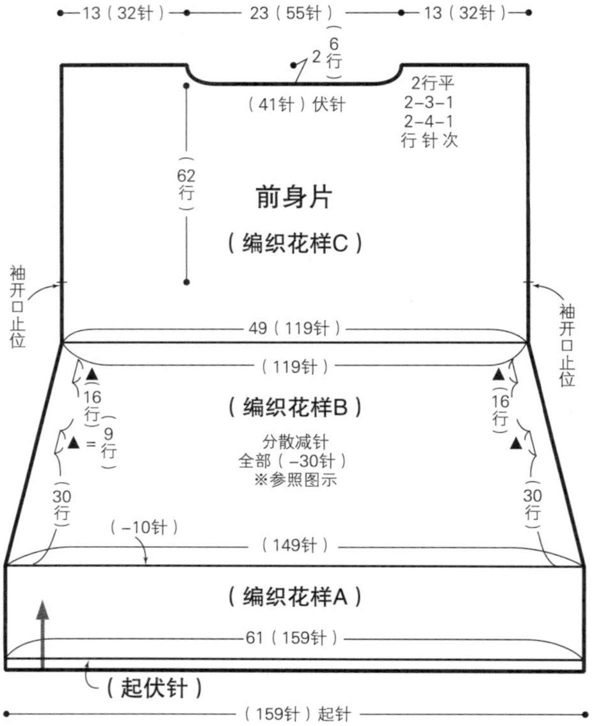

▲ = 纽襻的挑针位置

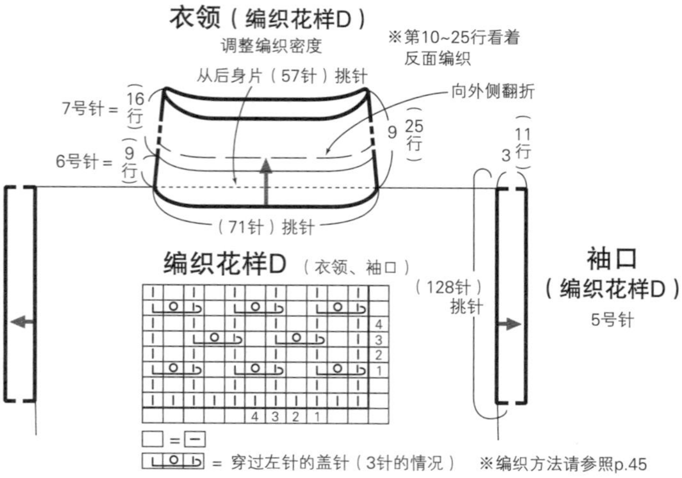

※编织方法请参照p.45

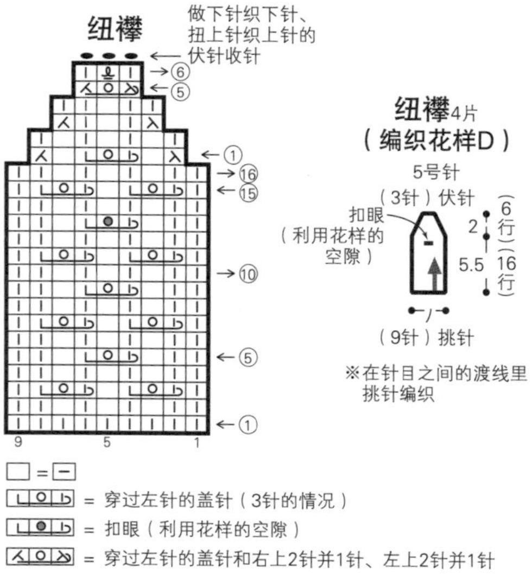

编织花样 B 与分散减针

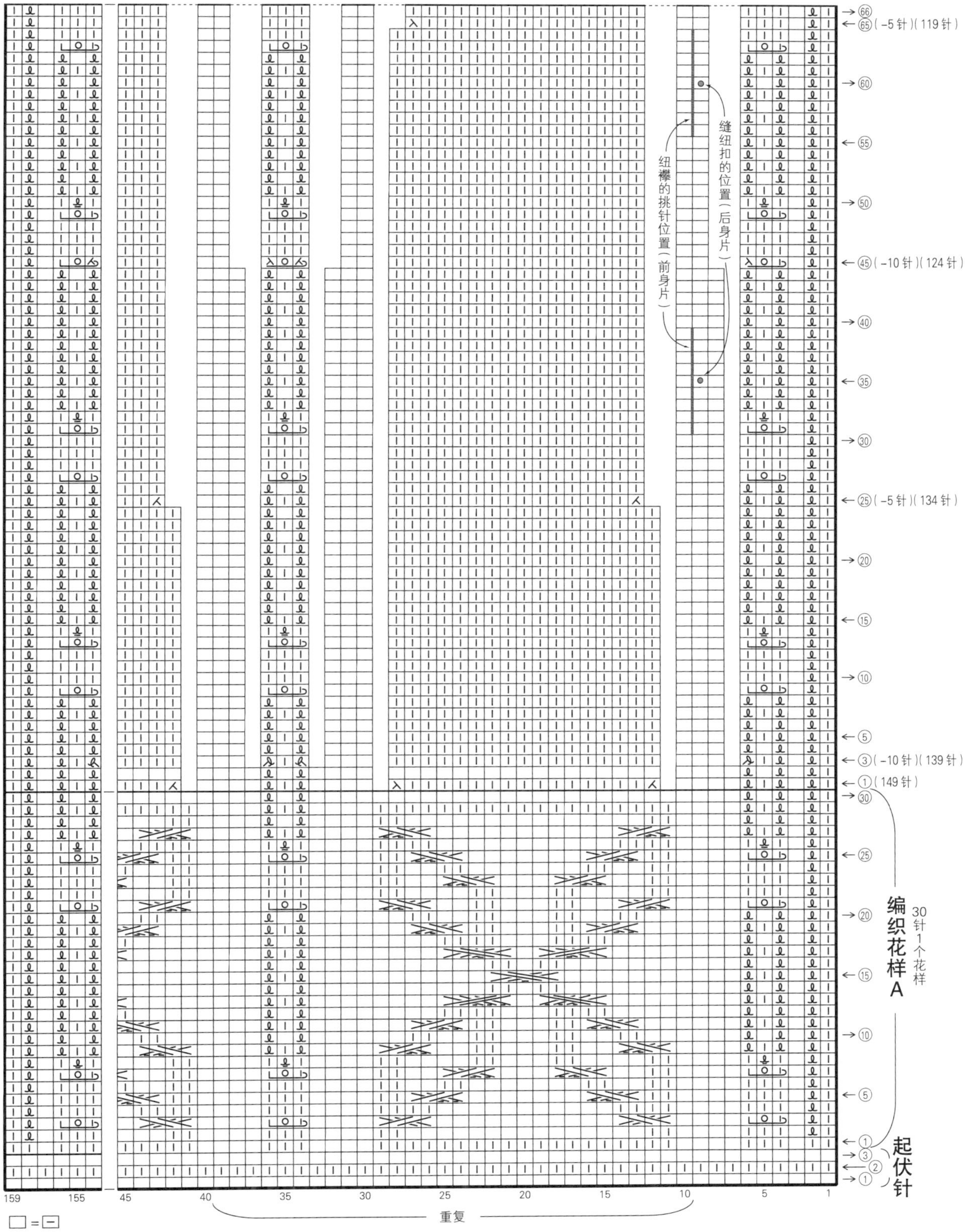

□ = ⊟

[穿过左针的盖针符号] = 穿过左针的盖针（3 针的情况）

[符号] = 扭针的右上 2 针并 1 针

[符号] = 穿过左针的盖针和右上 2 针并 1 针

[符号] = 扭针的左上 2 针并 1 针

[符号] = 穿过左针的盖针和左上 2 针并 1 针

[符号] = 穿过左针的盖针和左上 2 针并 1 针、右上 2 针并 1 针

※编织方法请参照 p.101、102

※另一侧从对称位置挑针编织纽襻，缝上纽扣

编织花样 C

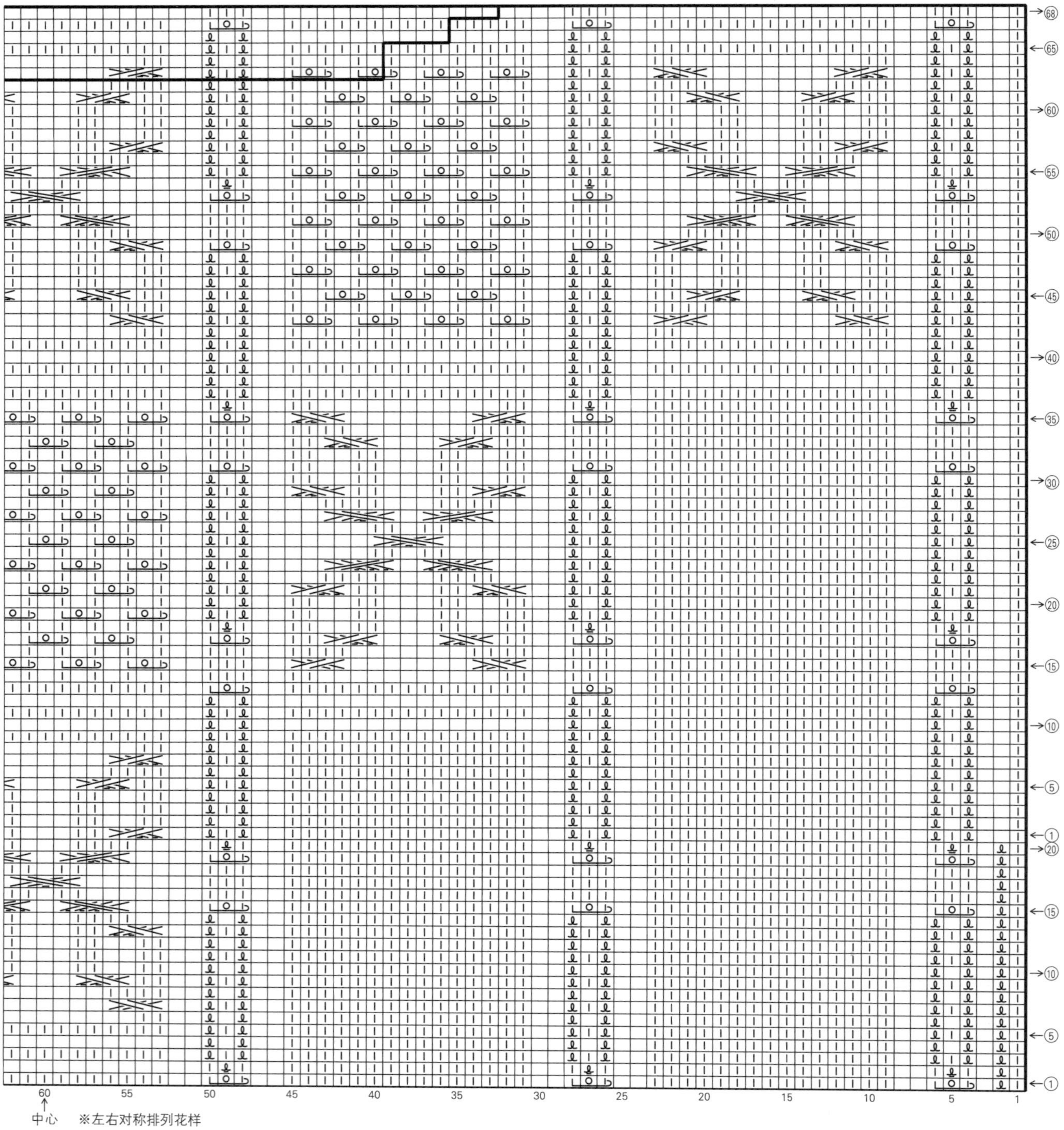

※左右对称排列花样

□ = ⊟

= 穿过左针的盖针（3 针的情况） ※编织方法请参照 p.45

06 p.12

●**材料和工具** 钻石线 Diaadele 浅褐色（411）350g/9团
棒针7号、5号、4号，钩针4/0号

●**成品尺寸** 衣长62cm，连肩袖长28.5cm

●**编织密度** 10cm×10cm面积内：编织花样A~F均为26针，33行

●**编织要点** **身片**…另线锁针起针后，按编织花样编织。下摆解开起针时的锁针编织双罗纹针，编织终点做双罗纹针收针。

组合…肩部先将后身片的编织花样A、A'、A"的针目交叉后再做盖针接合。衣领挑取指定数量的针目后，一边调整编织密度一边环形编织双罗纹针，编织终点与下摆一样收针。最后编织2条i-cord细绳，穿在指定位置。

编织花样F

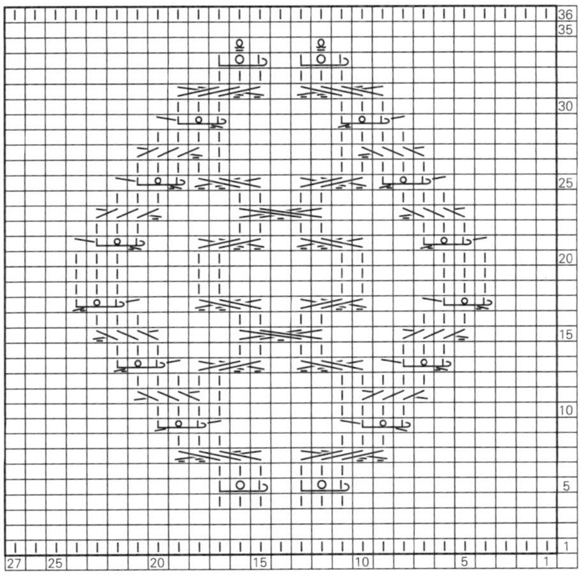

□=⊟

= 穿过左针的盖针的左上交叉（下方为1针下针）
4 3 2 1
※将针目1移至麻花针上放在织物的后面，在针目2~4里编织穿过左针的盖针。再在针目1里编织下针

= 穿过左针的盖针的右上交叉（下方为1针下针）
4 3 2 1
※将针目1~3移至麻花针上放在织物的前面，在针目4里编织下针。再在针目1~3里编织穿过左针的盖针

= 穿过左针的盖针的左上交叉（下方为1针上针）
4 3 2 1
※将针目1移至麻花针上放在织物的后面，在针目2~4里编织穿过左针的盖针。再在针目1里编织上针

= 穿过左针的盖针的右上交叉（下方为1针上针）
4 3 2 1
※将针目1~3移至麻花针上放在织物的前面，在针目4里编织上针。再在针目1~3里编织穿过左针的盖针

= 右上2针交叉（中间有1针上针）

编织花样E

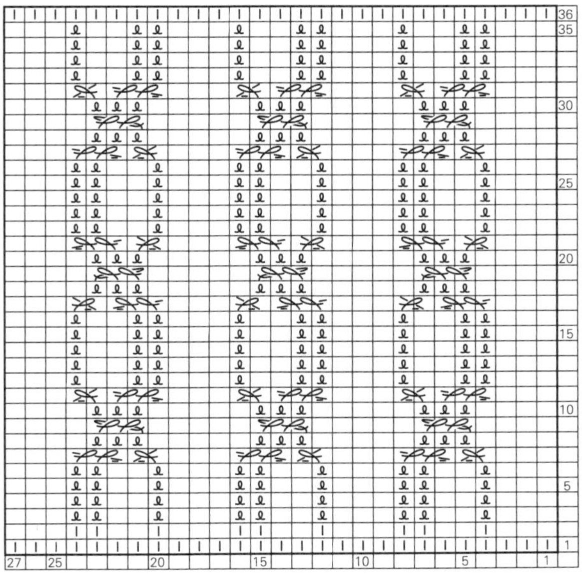

□=⊟

= 左上2针扭针与1针的交叉（下方为上针）

= 右上2针扭针与1针的交叉（下方为上针）

= 左上2针扭针与1针的交叉（下方为扭针）

= 右上2针扭针与1针的交叉（下方为扭针）

※转下一页

双罗纹针收针（两端均为2针的情况）

※两端为3针的情况，将边针折到反面，与针目1重叠着挑针

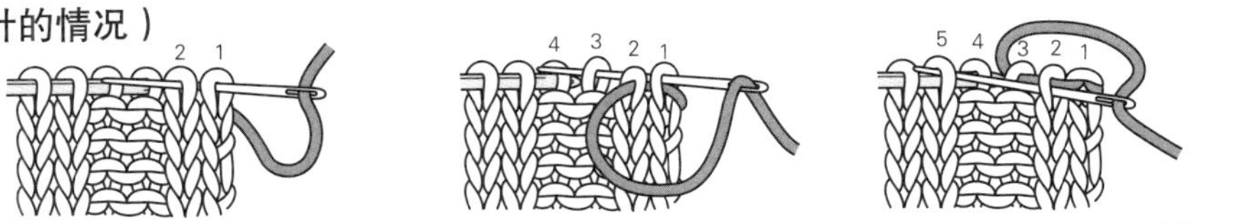

1 从针目1的前面入针，再从针目2的前面出针。

2 再在针目1里入针，从针目3的前面往后出针。

3 从针目2的前面入针，跳过针目4，再从针目5下针的后面往前出针。

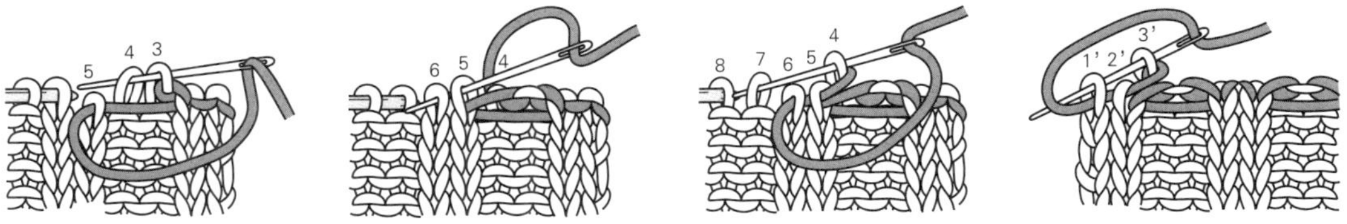

4 按上针对上针的要领，从针目3的后面往前入针，再从针目4的前面往后出针。

5 按下针对下针的要领，从针目5的前面入针，再从针目6的后面往前出针。

6 按上针对上针的要领，从针目4的后面入针，再从针目7的前面往后出针。重复步骤3~6。

7 最后在针目3'、1'里穿针。

后身片（编织花样）

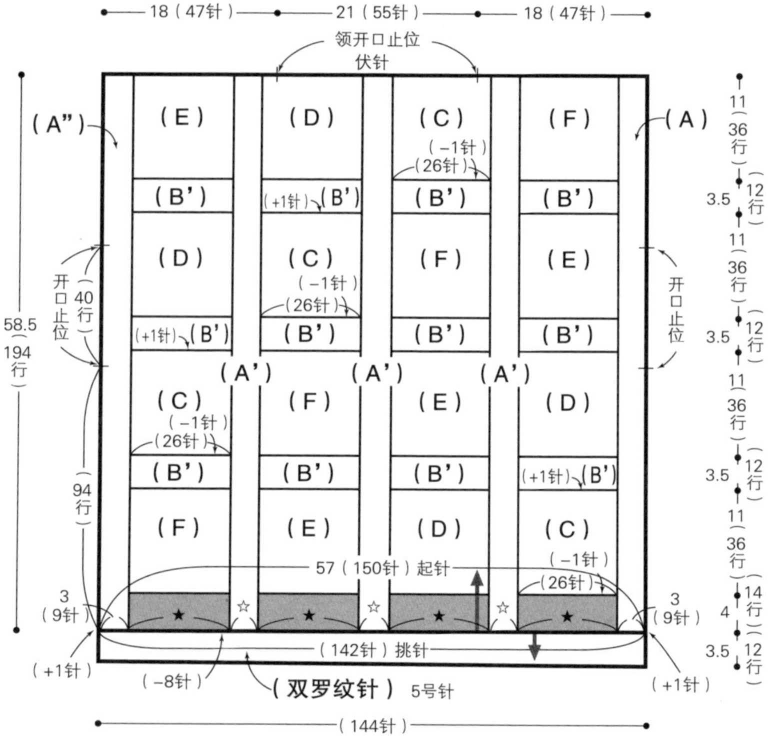

※除指定以外均用7号针编织

※ ▒ =（编织花样B）

※双罗纹针收针的方法请参照p.63

☆ = 3（8针）

★ = 10.5（27针）

前身片（编织花样）

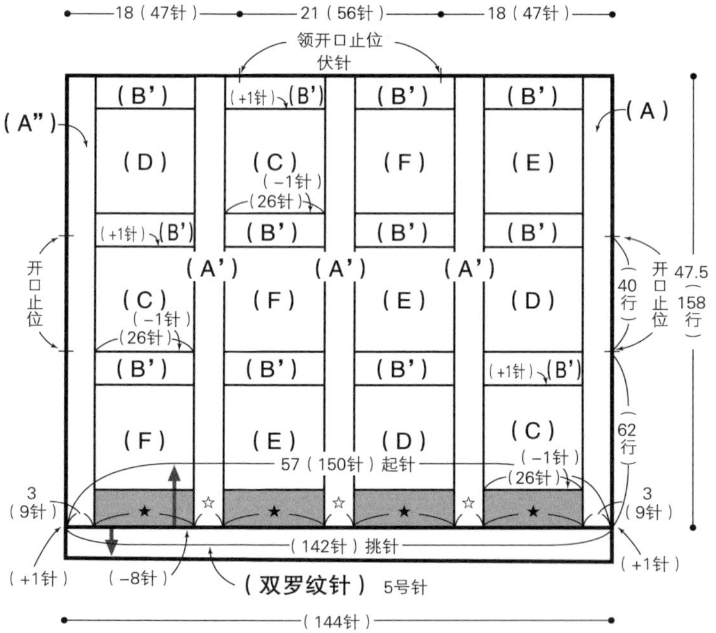

衣领（双罗纹针）

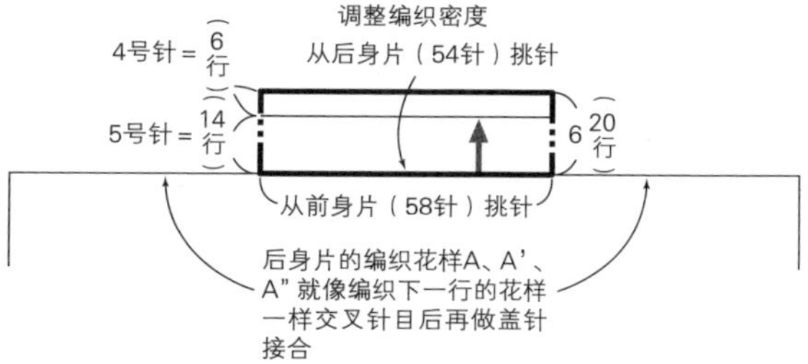

双罗纹针

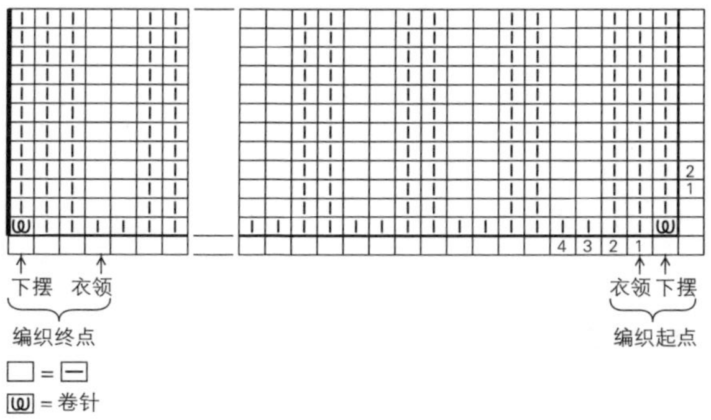

编织花样A、A'、A"

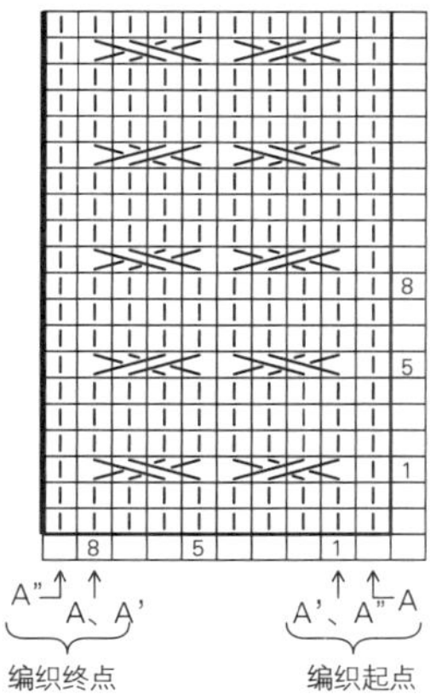

编织花样B、B'

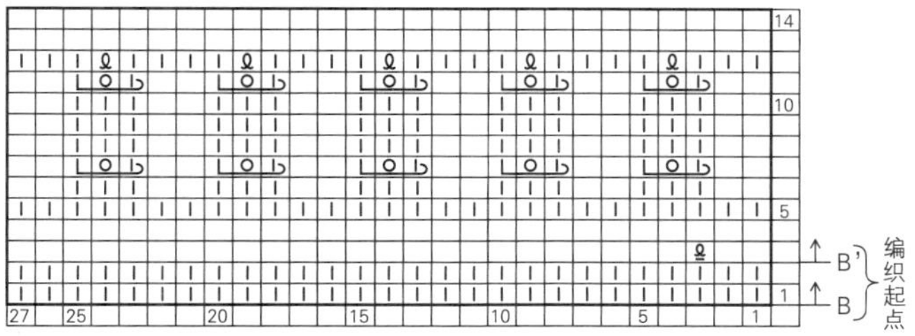

□ = ⊟

= 穿过左针的盖针（3针的情况） ※编织方法请参照p.45

= 仅编织花样C上面的编织花样B' 加1针

编织花样C

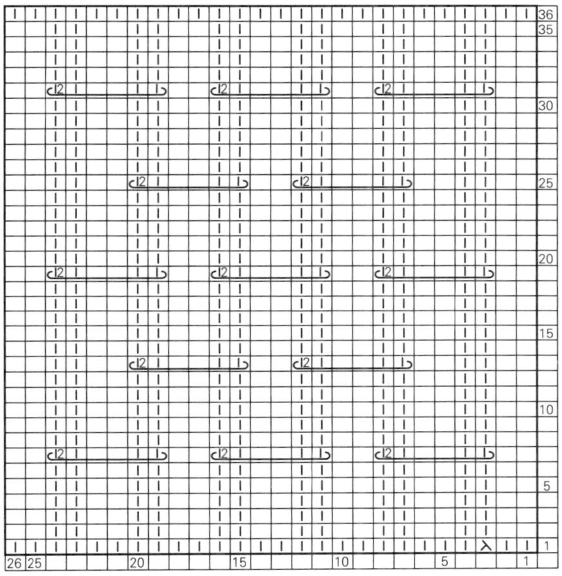

□ = ⊟ = 2卷结编

※编织方法请参照p.101

编织花样D

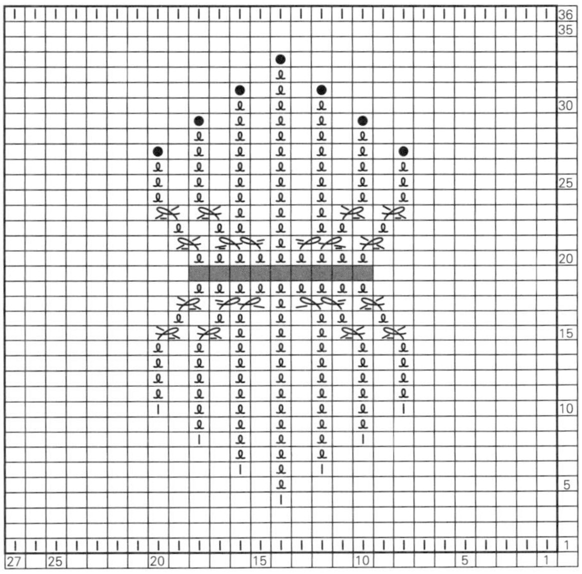

□ = ⊟

= 右上扭针的1针交叉（下方为上针）

= 左上扭针的1针交叉（下方为上针）

= 右上2针扭针与1针的交叉

= 左上2针扭针与1针的交叉

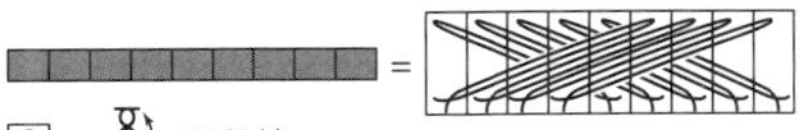

● = 4/0号针

※完成“变化的3针中长针的枣形针”后，从后面将钩针插入编出枣形针的前一行线圈，将线圈拉出。针头挂线，一次性引拔穿过2个线圈，再将针目移至右棒针上

细绳的穿法

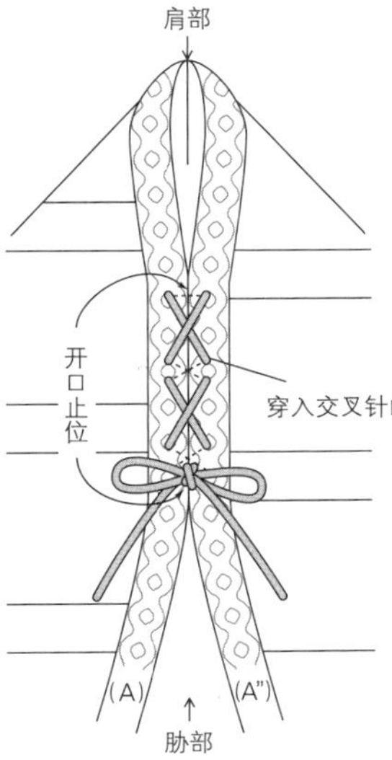

细绳
（i-cord）

4号针 2根

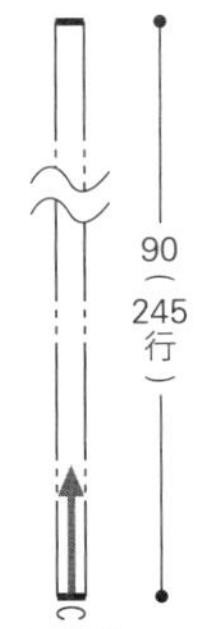

i-cord的编织方法

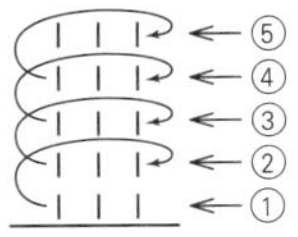

※编织第1行后，将线头从后面拉至编织起点侧，朝相同方向编织第2行。重复以上操作

※使用无堵头的棒针

05 p.11

●材料和工具 钻石线 Tasmanian Merino〈Tweed〉褐色（919）475g/12团
棒针6号、5号、4号

●成品尺寸 胸围98cm，衣长57cm，连肩袖长71.5cm

●编织密度 10cm×10cm面积内：编织花样A、A'、A"均为28.5针，34行；编织花样B 31.5针，34行

●编织要点 **身片、衣袖**…另线锁针起针后，开始做上针编织和编织花样A、A'、A"、B。领窝减2针及以上时做伏针减针，减1针时立起侧边1针减针。袖下的加针是在边上1针的内侧做扭针加针。下摆、袖口解开起针时的锁针挑针后编织扭针的单罗纹针，编织终点做扭针的单罗纹针收针。

组合…肩部做盖针接合。衣领一边调整编织密度，一边按扭针的单罗纹针和编织花样B'（见p.68）编织。编织终点与下摆一样收针。衣袖与身片之间做针与行的接合。胁部、袖下做挑针缝合。

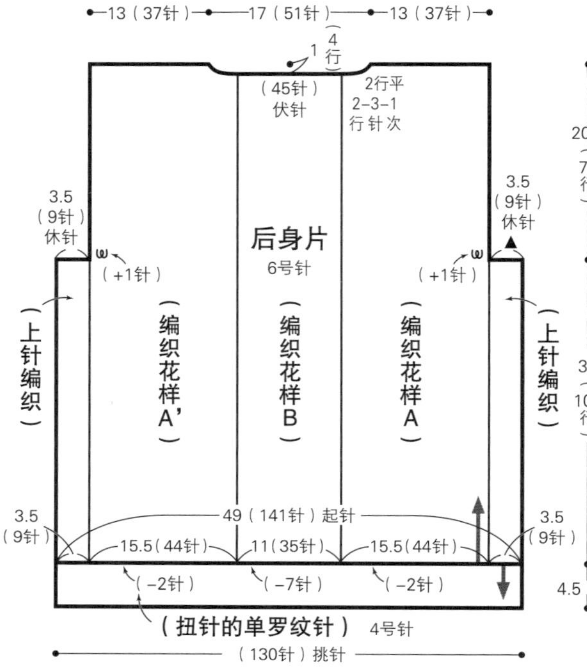

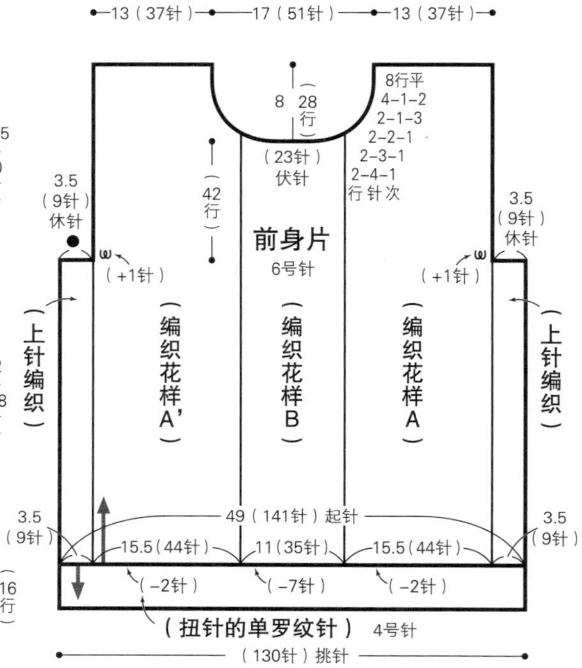

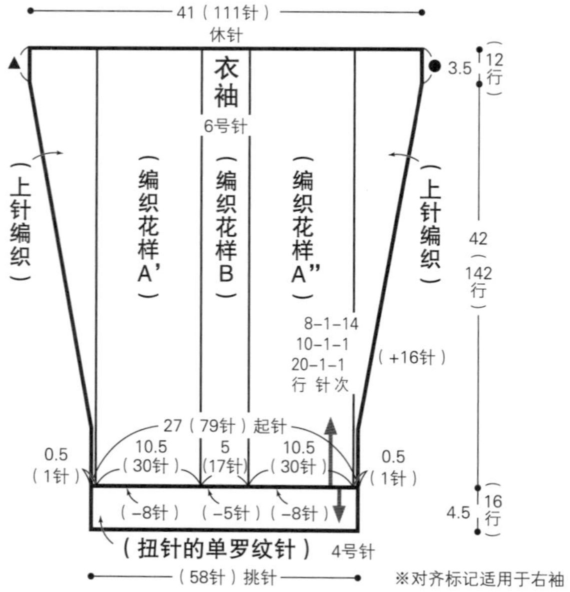

※对齐标记适用于右袖

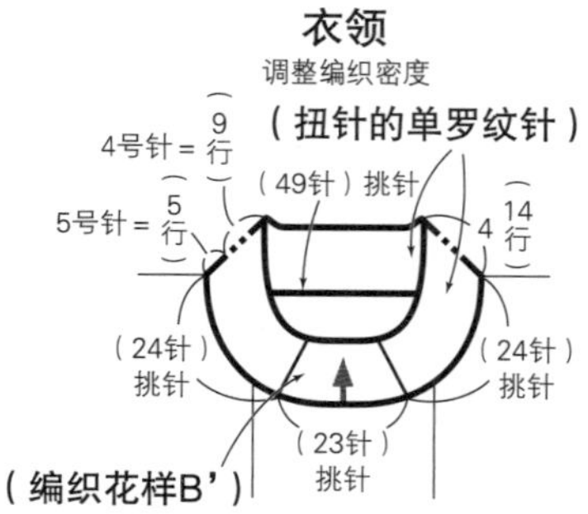

扭针的单罗纹针
（下摆、袖口）

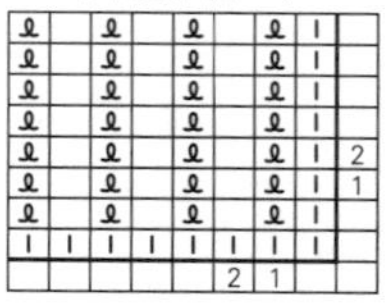

※扭针的单罗纹针收针方法请参照p.93

□ = ⊟

编织花样A、A'、A"

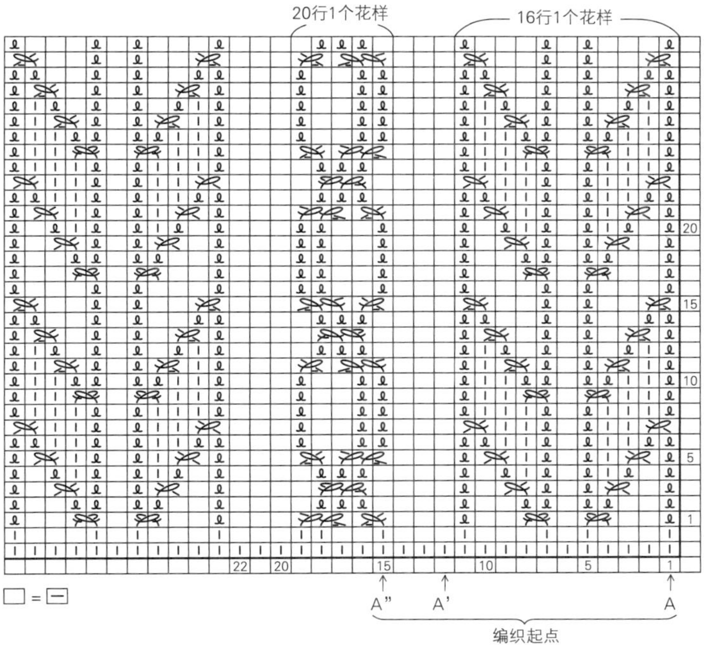

□ = ⊟

= 左上扭针的1针交叉（上下均为扭针）

= 右上扭针的1针交叉（上下均为扭针）

= 左上扭针的1针交叉（下方为上针）

= 右上扭针的1针交叉（下方为上针）

= 左上扭针的1针交叉

= 右上扭针的1针交叉

= 左上2针扭针与1针的交叉（下方为扭针）

= 右上2针扭针与1针的交叉（下方为扭针）

= 左上2针扭针与1针的交叉（下方为上针）

= 右上2针扭针与1针的交叉（下方为上针）

编织花样B

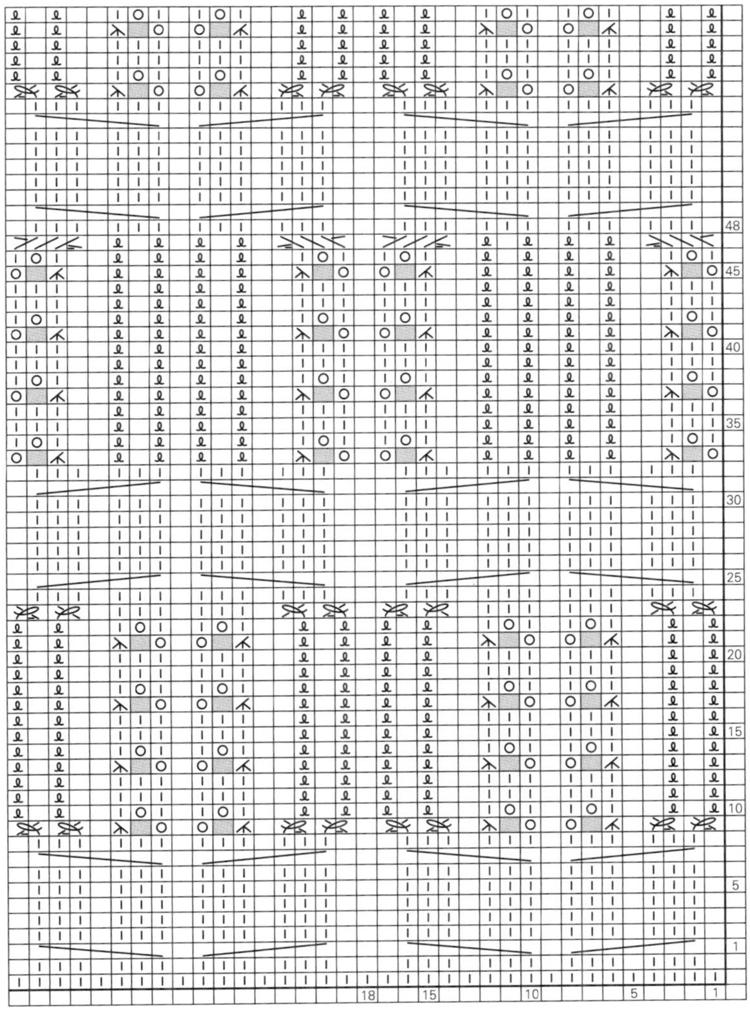

□ = ⊟

= 无针目处

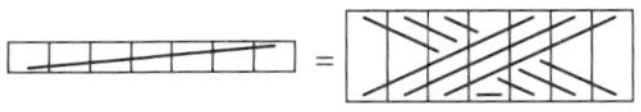

左上3针交叉（中间有1针上针）

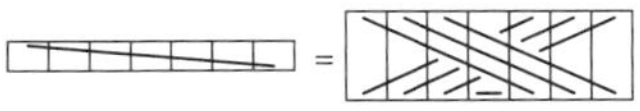

右上3针交叉（中间有1针上针）

= 左上扭针的1针交叉（下方为上针）

= 右上扭针的1针交叉（下方为上针）

= 右上扭针的1针交叉

= 左上扭针的1针交叉

※编织花样B'见p.68

08 p.18

●**材料和工具** 棉和人造丝混纺的带状线（粗） 浅米色220g
棒针5号、3号，钩针2/0号

●**成品尺寸** 胸围96cm，衣长54cm，连肩袖长28cm

●**编织密度** 10cm×10cm面积内：编织花样A 28针，33行

●**编织要点** **身片**…另线锁针起针后，按编织花样A编织。减2针及以上时做伏针减针，减1针时立起侧边1针减针。下摆解开起针时的锁针挑针后，一边加针一边按编织花样B编织。编织终点做单罗纹针收针。

组合…肩部做盖针接合。衣领、袖口挑取指定数量的针目后，分别按编织花样B、C编织。编织终点与下摆一样收针。胁部、袖口侧边做挑针缝合。

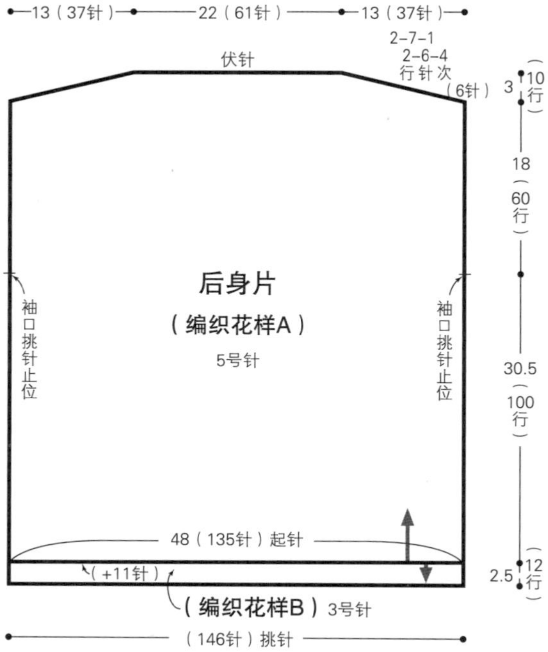

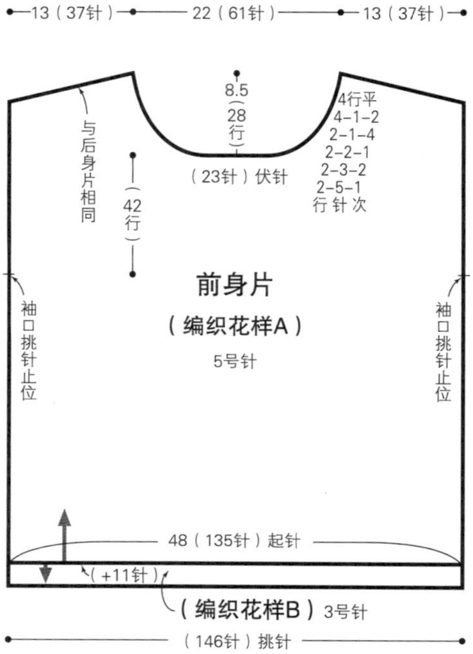

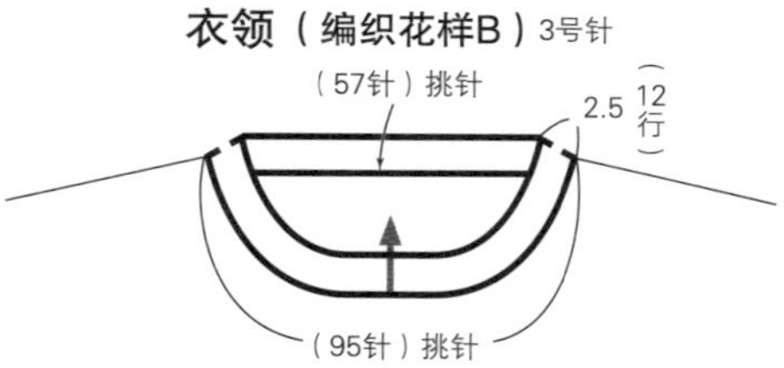

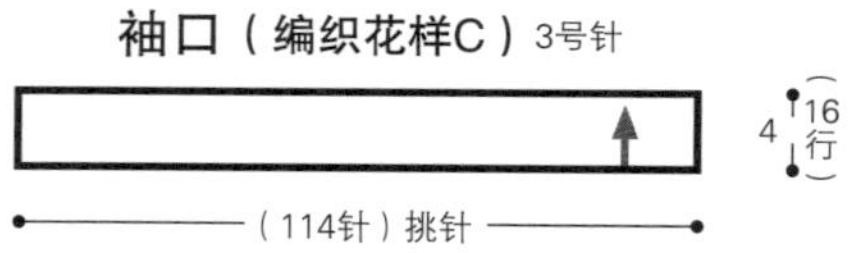

接作品05

编织花样B'

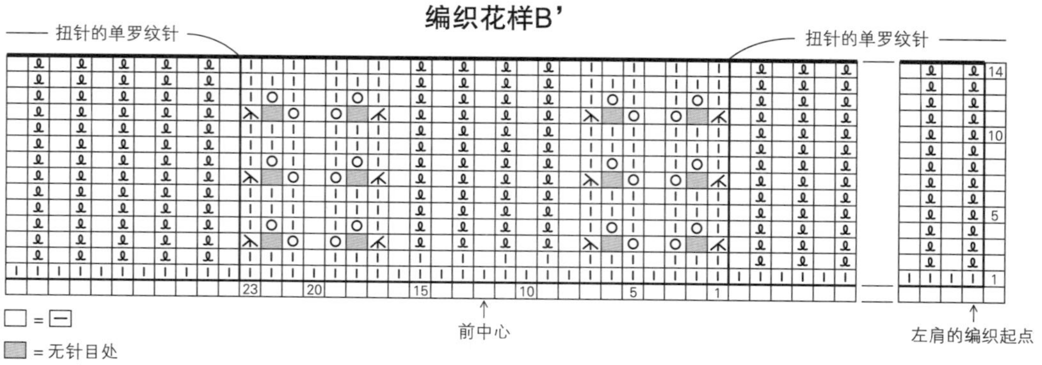

编织花样A

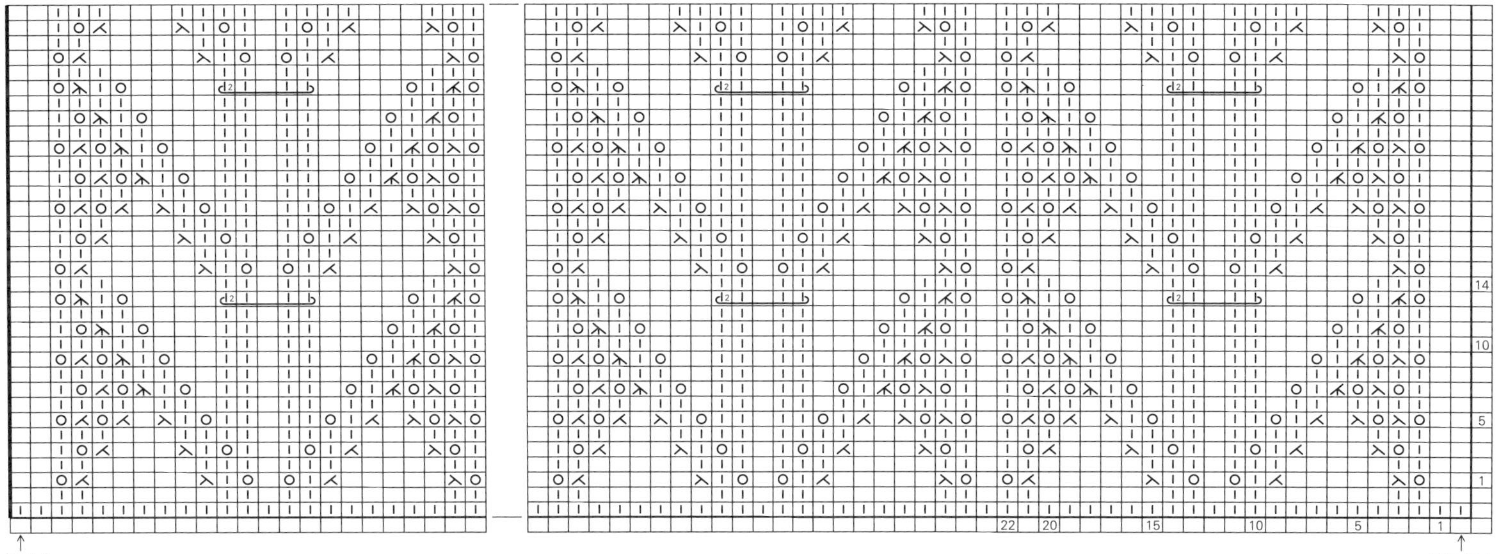

编织终点

编织起点

□ = ⊟

d2 = 2卷结编　※编织方法请参照p.101

前领窝

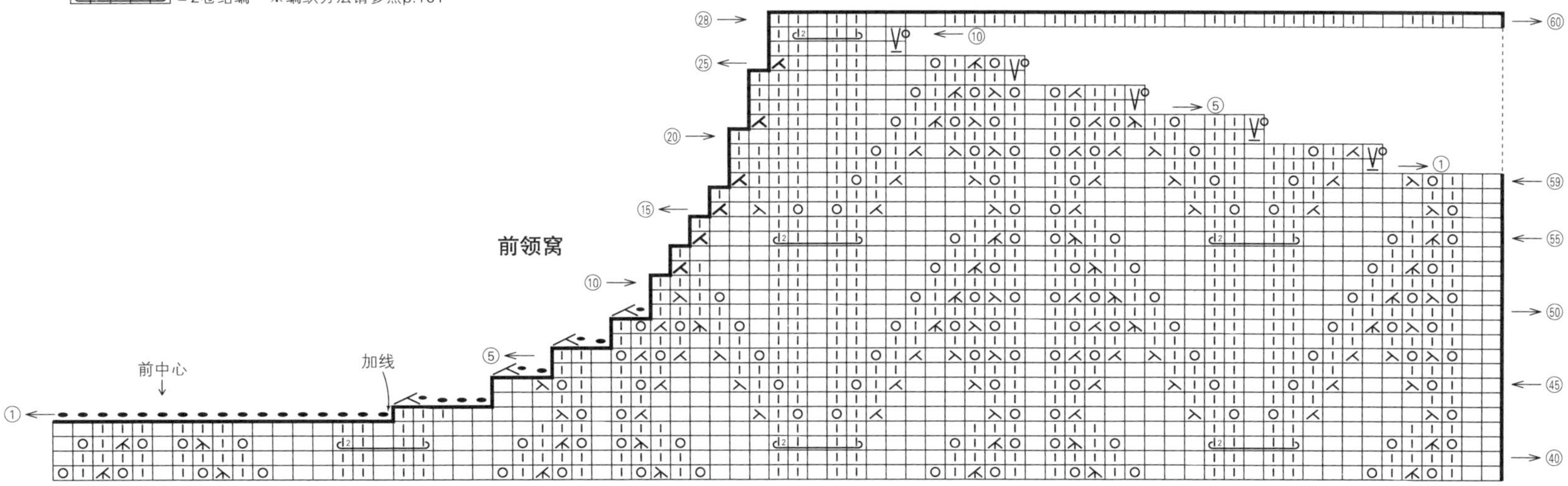

□ = ⊟

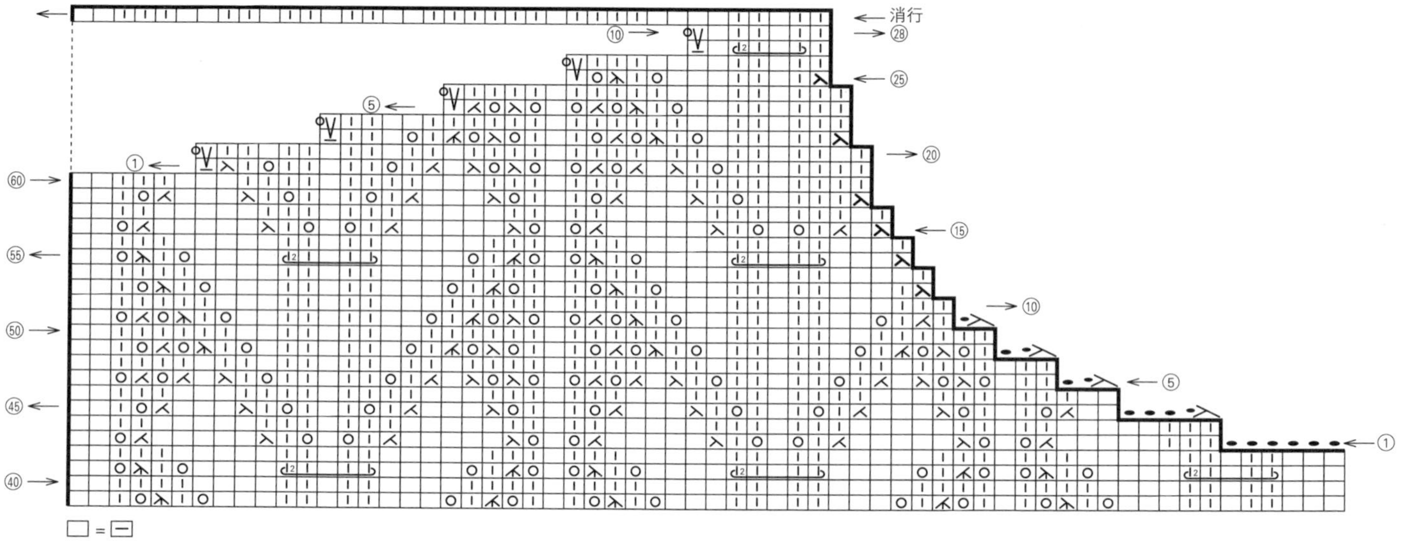

编织花样B（下摆）8针1个花样

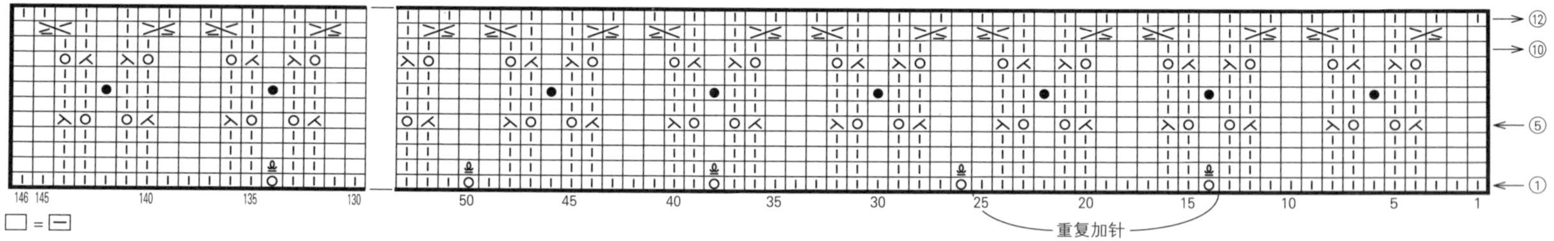

编织花样B（衣领）

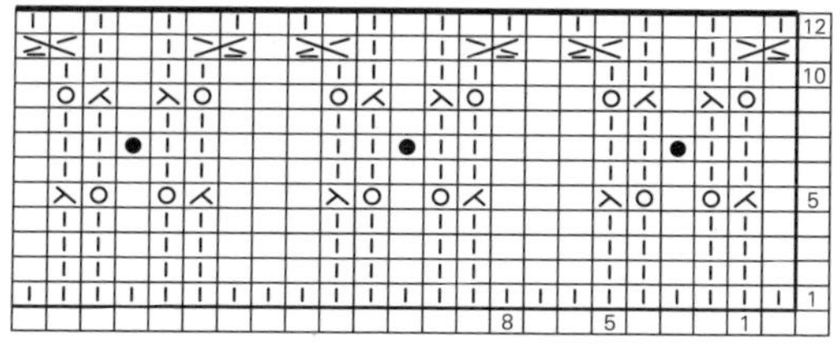

● = 2/0号针 ※编织方法请参照p.49

编织花样C

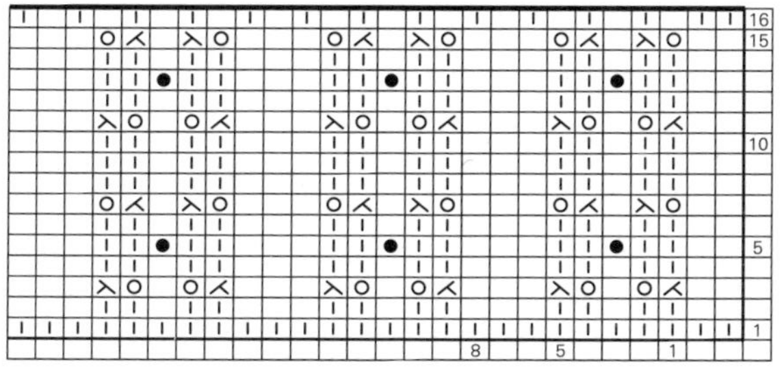

● = 2/0号针

19 p.35

●**材料和工具** 钻石线 Tasmanian Merino 绯红色（760）40g/1团
棒针6号、5号
●**成品尺寸** 手掌围18cm，长20cm
●**编织密度** 10cm×10cm面积内：下针编织22针，32行；编织花样32针，32行
●**编织要点** 另线锁针起针后，开始按下针、编织花样、扭针的单罗纹针环形编织。在拇指位置编入另线。编织终点做扭针的单罗纹针收针。手腕侧解开另线锁针挑针后编织扭针的单罗纹针，编织终点做扭针的单罗纹针收针。拇指解开另线挑针后，编织下针和扭针的单罗纹针，编织终点做扭针的单罗纹针收针。

右手

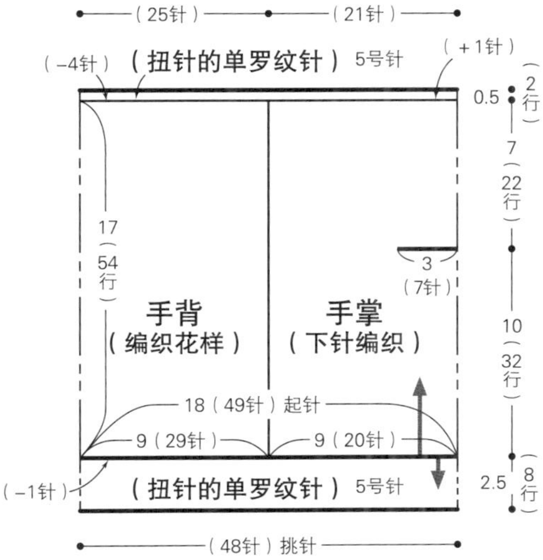

※除指定以外均用6号针编织
※对称编织左手

拇指
（扭针的单罗纹针）

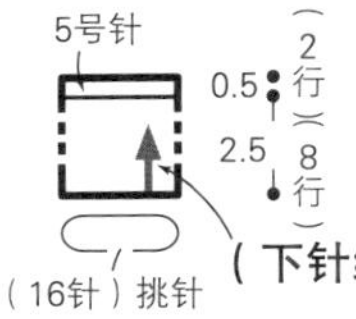

拇指的挑针方法

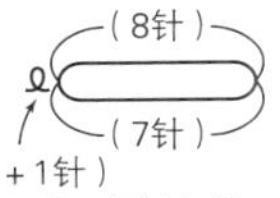

※扭针的单罗纹针收针方法请参照p.93

编织花样

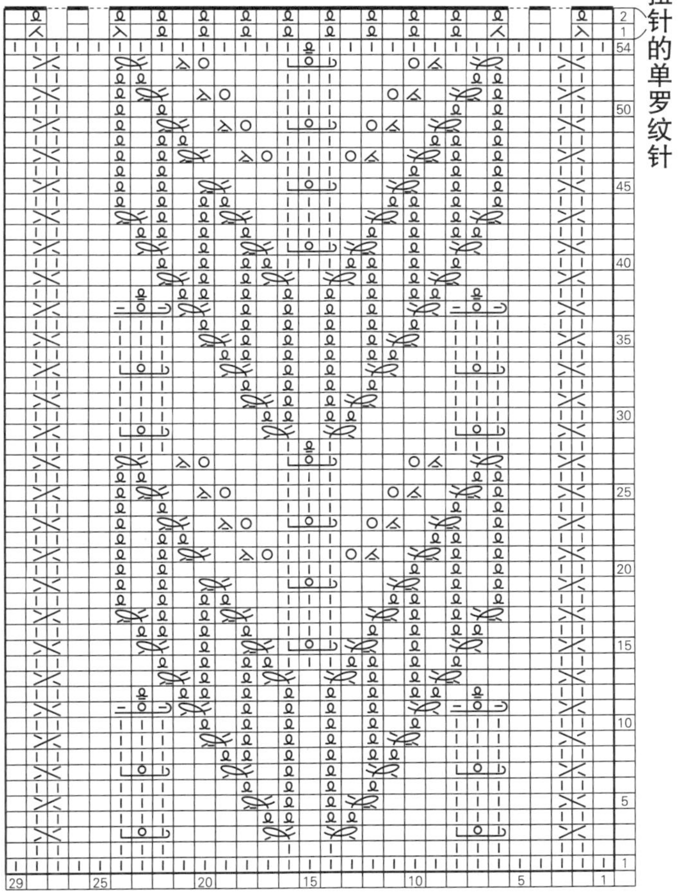

□ = ⊟
穿过左针的盖针（3针的情况）※编织方法请参照p.45
穿过左针的盖针（3针的情况，上针）
左上扭针的1针交叉
左上扭针的1针交叉（下方为上针）
右上扭针的1针交叉
右上扭针的1针交叉（下方为上针）

扭针的单罗纹针

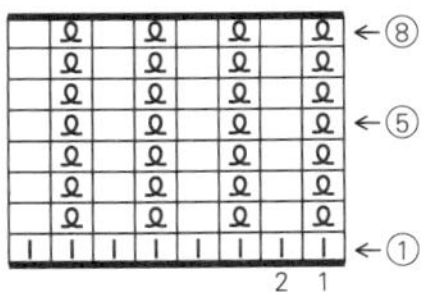

□ = ⊟

09 p.20

●**材料和工具** 钻石线 Masterseed Cotton〈Silk〉肉粉色（8104）375g/15团
棒针5号、3号，钩针2/0号

●**成品尺寸** 胸围96cm，衣长58.5cm，连肩袖长55.5cm

●**编织密度** 10cm×10cm面积内：编织花样A 27针，32行；编织花样B、B'均为28针，32行

●**编织要点** **身片、衣袖**…另线锁针起针后，身片按编织花样A、B、B'编织，衣袖按编织花样B编织。编织花样A的分散减针、领窝的减针请参照图示编织。衣袖的编织终点做休针处理。下摆解开起针时的锁针挑针后编织起伏针，编织终点做上针的伏针收针。袖口与下摆一样挑针后做边缘编织，编织终点做扭针的单罗纹针收针。

组合…肩部做盖针接合。衣领挑取指定数量的针目后环形编织边缘，编织终点与袖口一样收针。衣袖在中心折出褶裥，再和身片做针与行的接合。胁部、袖下做挑针缝合。

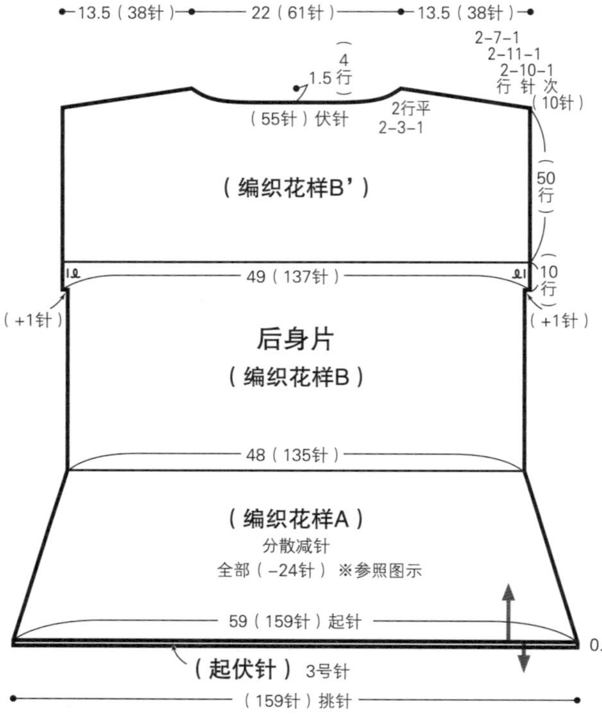

※除指定以外均用5号针编织

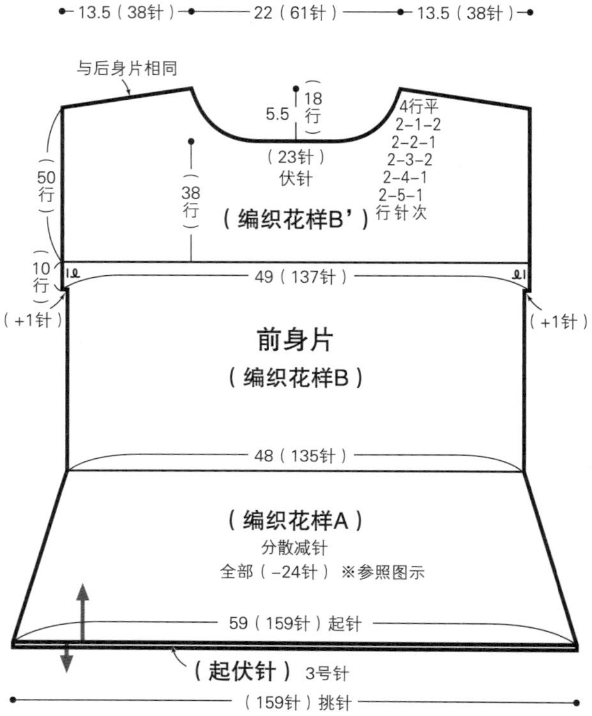

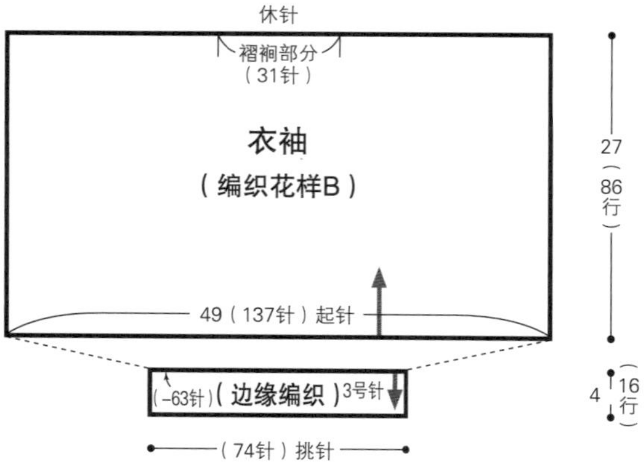

袖山褶裥的折叠方法（右袖）

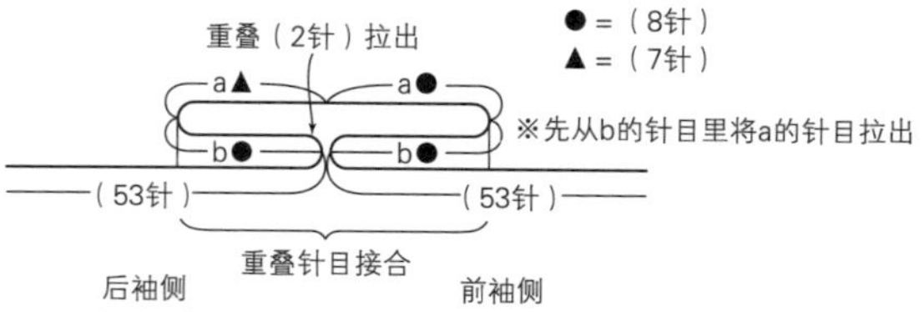

※左袖对称折叠

起伏针

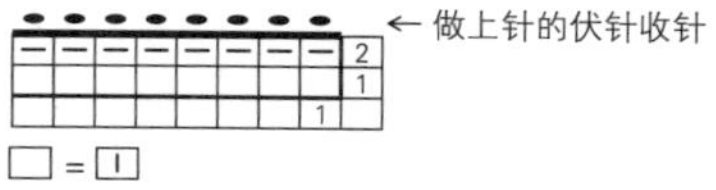

衣领（边缘编织） 3号针

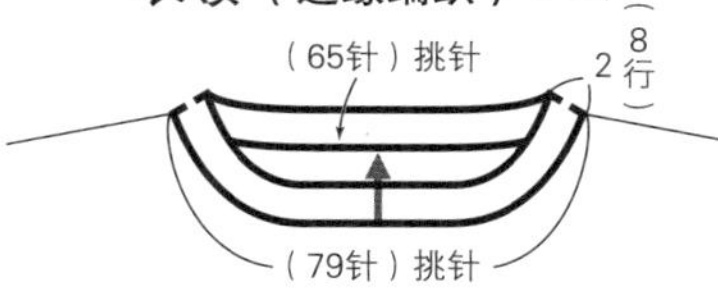

边缘编织

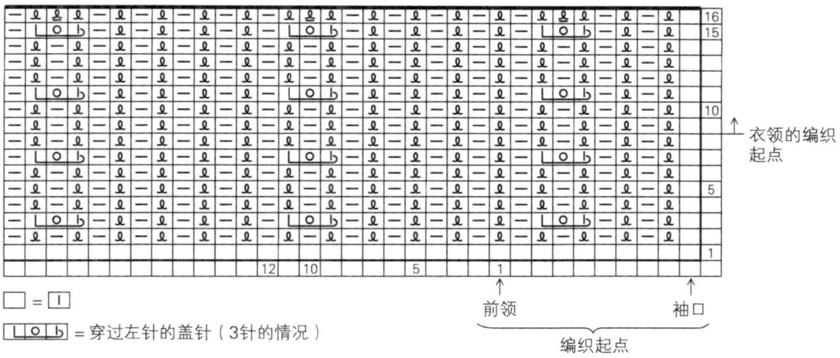

□ = Ⅰ

⌊⊔ο♭⌋ = 穿过左针的盖针（3针的情况）

※扭针的单罗纹针收针方法请参照p.93

编织花样A与分散减针

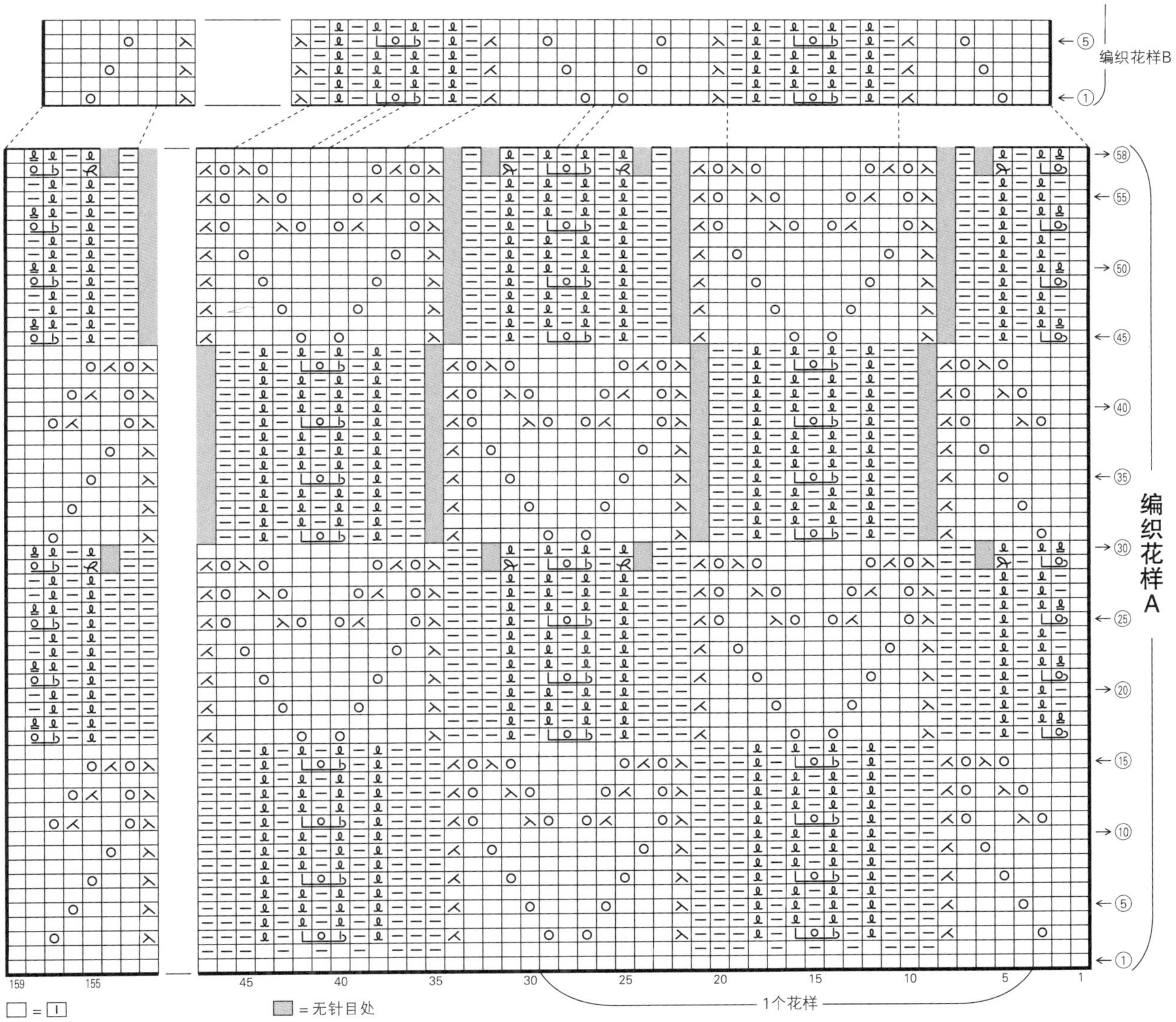

□ = Ⅰ　　▒ = 无针目处

⌊⊔ο♭⌋ = 穿过左针的盖针（3针的情况）

⌊⊔ο⌋、⌊ο♭⌋ = 穿过左针的盖针（2针的情况）

※编织方法请参照p.45

= 扭针的右上2针并1针

= 扭针的左上2针并1针

※编织方法请参照p.102

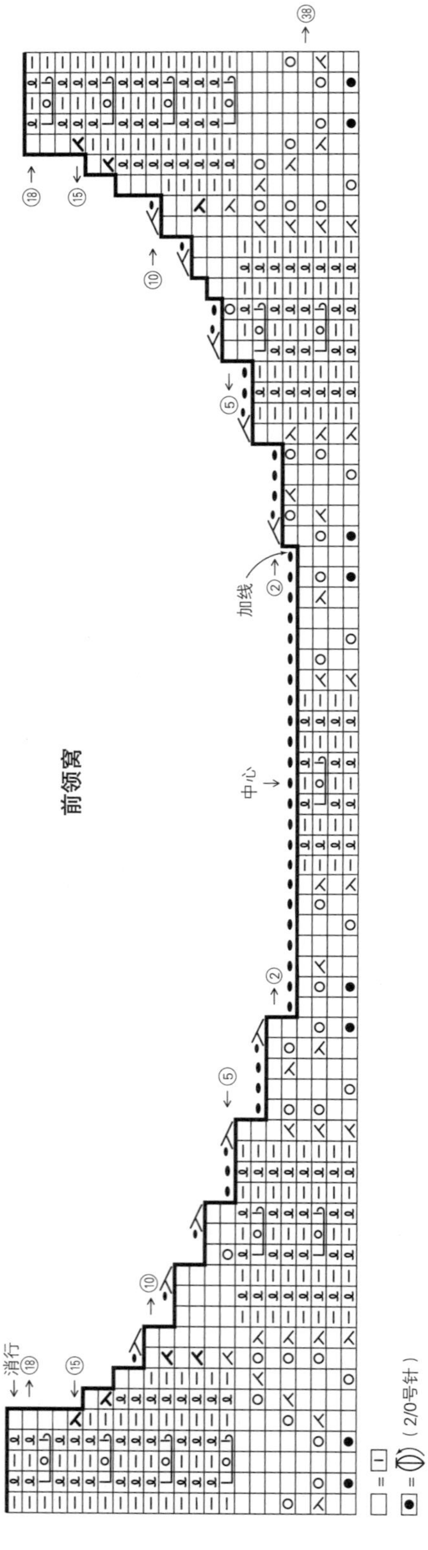
前领窝
消行
中心
加线
(2/0号针)

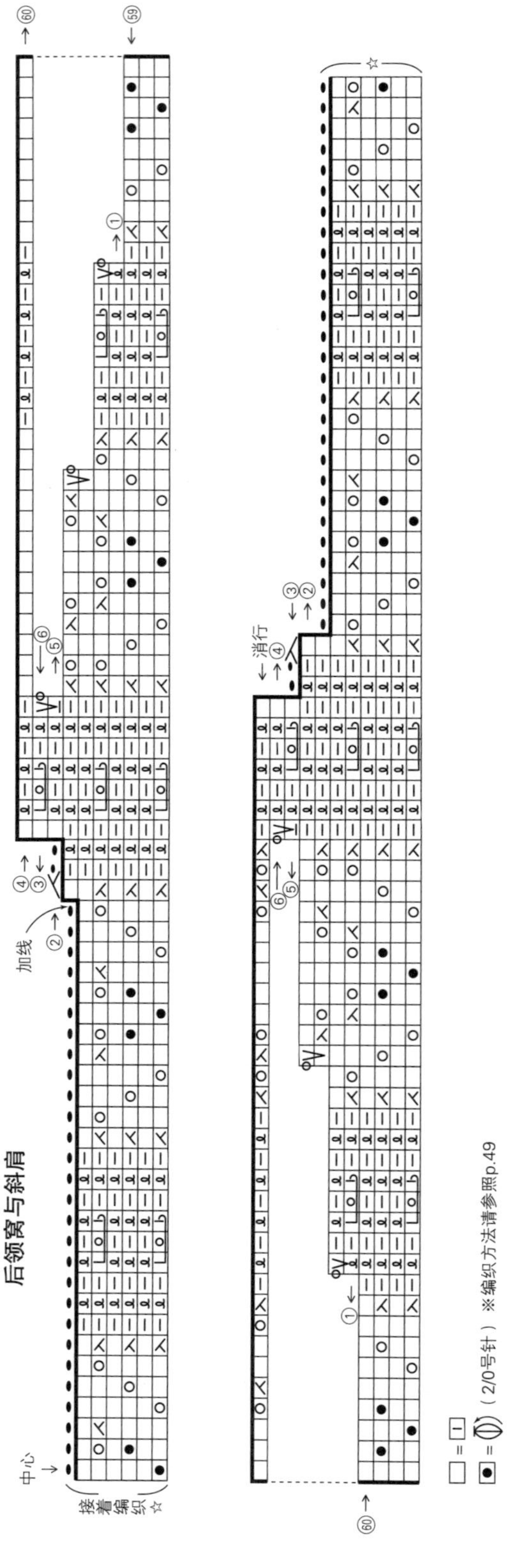
后领窝与斜肩
中心
接着编织☆
加线
消行
(2/0号针)
※编织方法请参照p.49

编织花样B

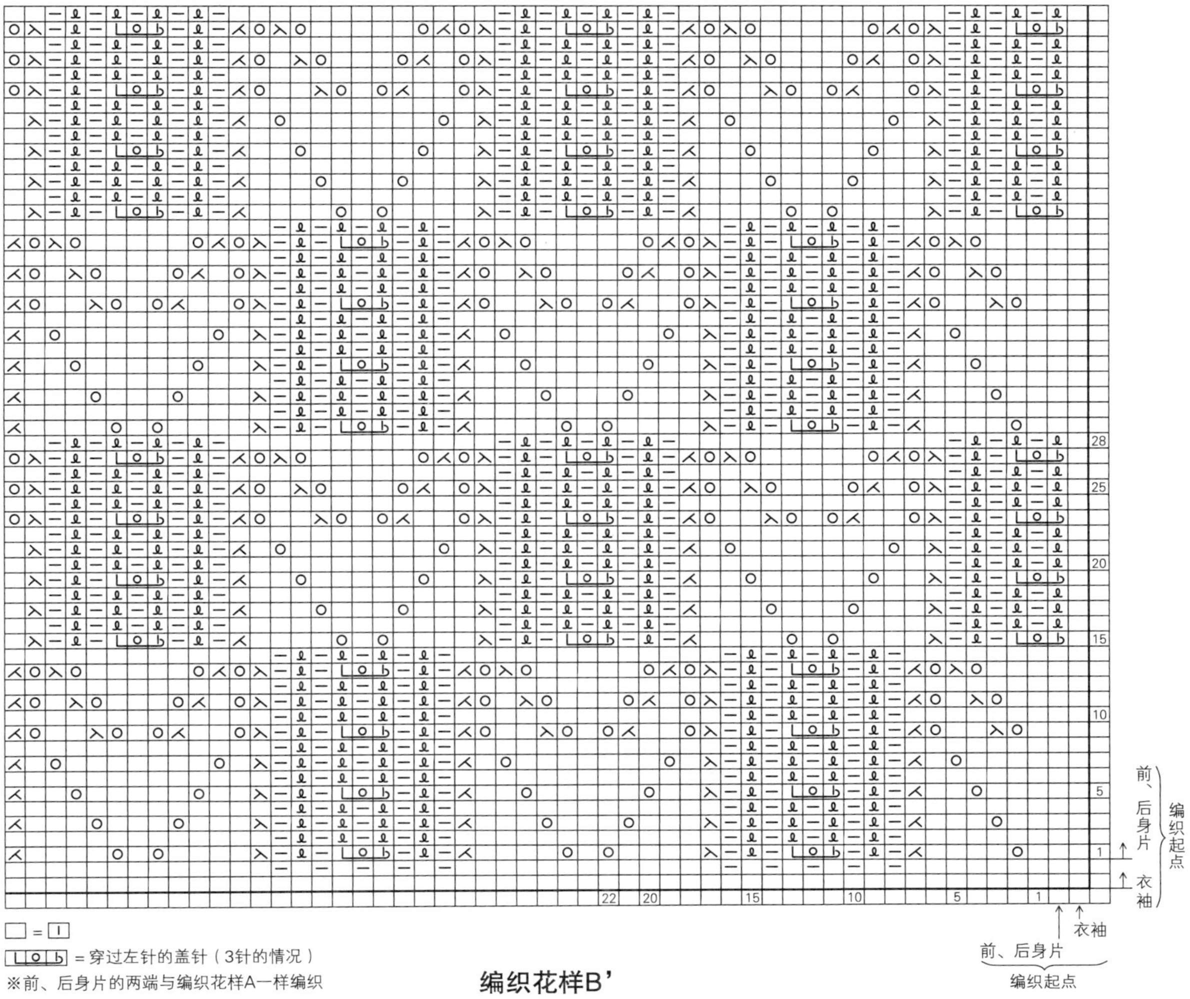

□ = |

[Lob] = 穿过左针的盖针（3针的情况）

※前、后身片的两端与编织花样A一样编织

编织花样B'

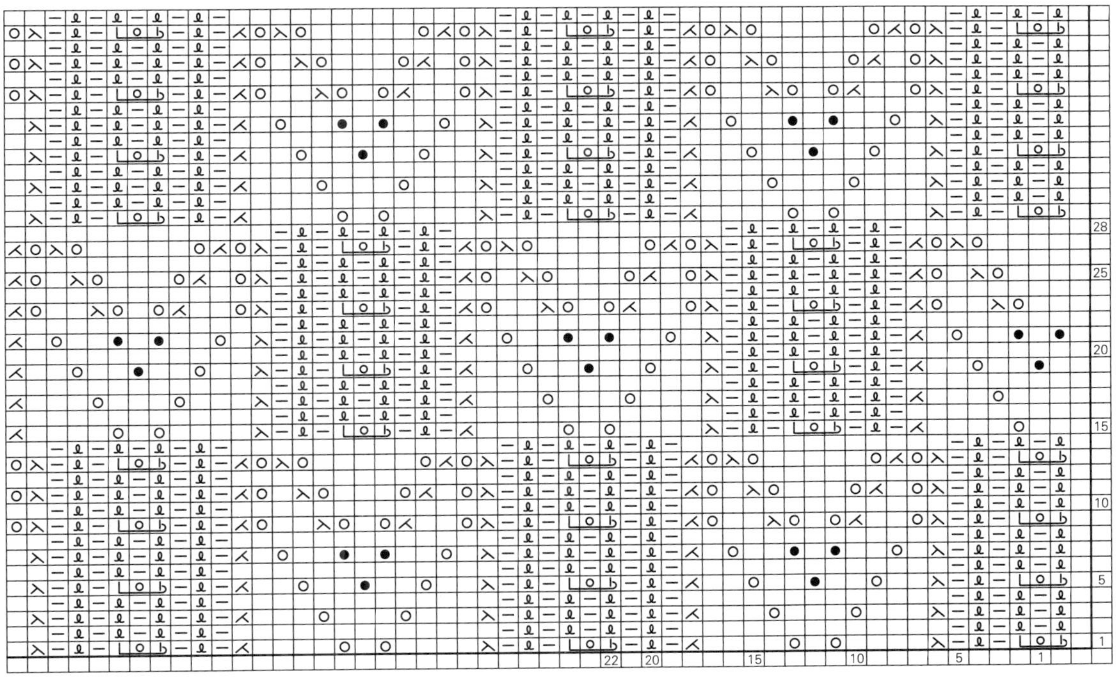

□ = |

[Lob] = 穿过左针的盖针（3针的情况）※编织方法请参照p.45

● = 3针中长针的枣形针（2/0号针）※编织方法请参照p.49

10 p.21

●材料和工具 钻石线 Masterseed Cotton〈Silk〉黄绿色（8117）295g/12团
棒针5号、4号、3号、2号

●成品尺寸 胸围98cm，衣长52cm，连肩袖长54cm

●编织密度 10cm×10cm面积内：下针编织25针，32.5行；编织花样24针，33行（4号针）；编织花样24针，32行（5号针）

●编织要点 **身片、衣袖**…身片另线锁针起针后，开始做下针编织和编织花样。编织花样由挂针和2针并1针、3针并1针等组成，注意挂针和并针必须成对编织。胁部的减针是立起侧边2针减针。领窝减2针及以上时做伏针减针，减1针时立起侧边1针减针。肩部做盖针接合。衣袖从身片挑针后按编织花样编织，接着按边缘编织B编织袖口。编织终点做扭针的单罗纹针收针。

组合…胁部、袖下做挑针缝合。下摆解开起针时的锁针挑针后，按边缘编织A环形编织，编织终点做单罗纹针收针。衣领挑取指定数量的针目后按边缘编织B环形编织，编织终点与袖口一样收针。

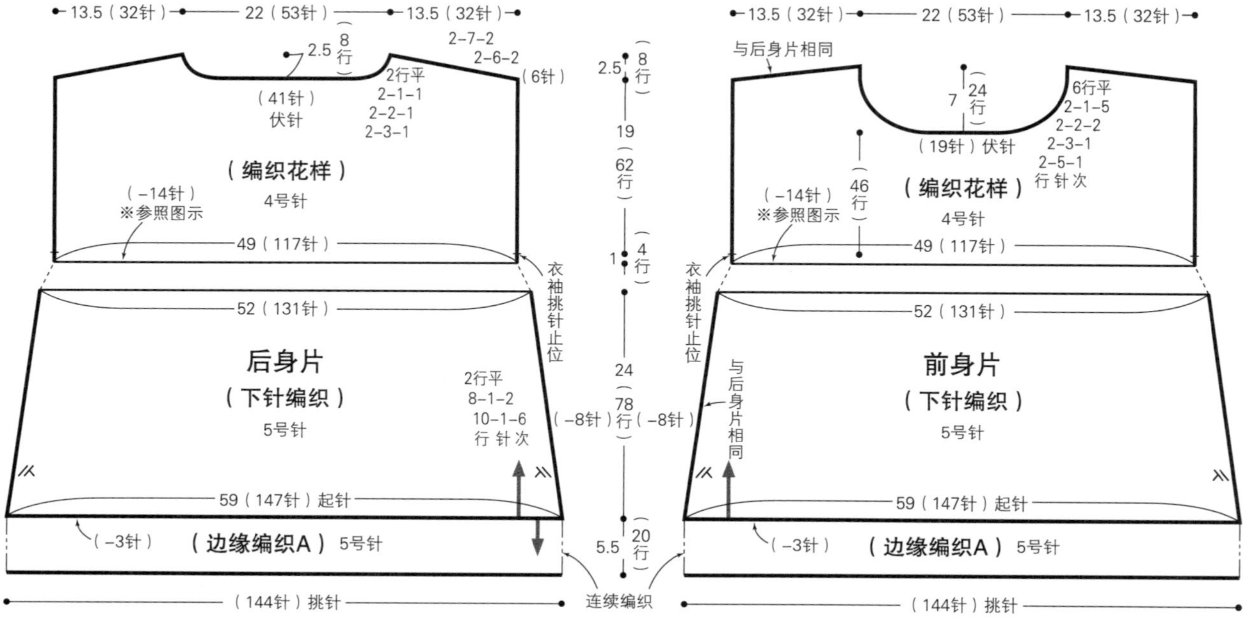

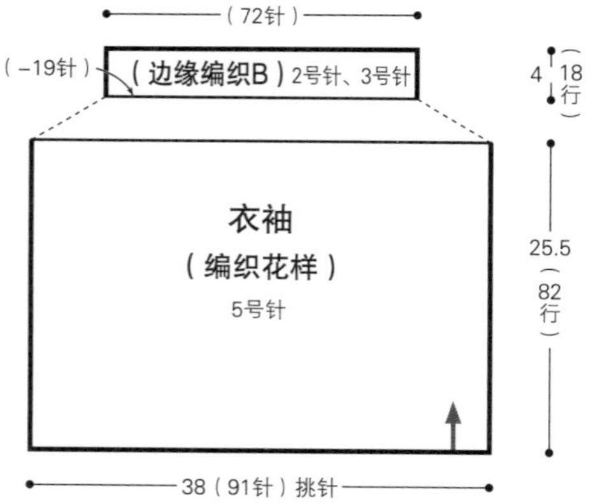

※扭针的单罗纹针收针方法请参照p.93

衣领（边缘编织B）2号针、3号针

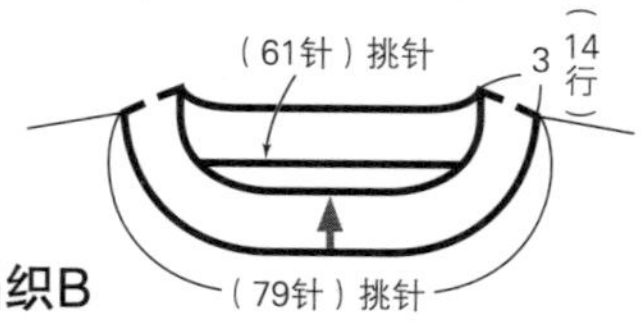

边缘编织B

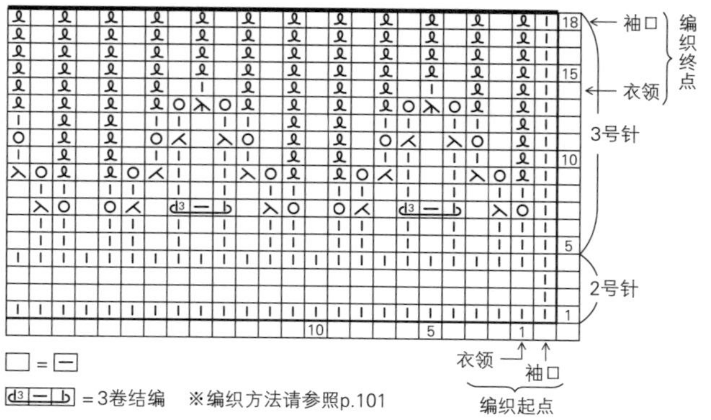

□ = ⊟

= 3卷结编 ※编织方法请参照p.101

编织花样

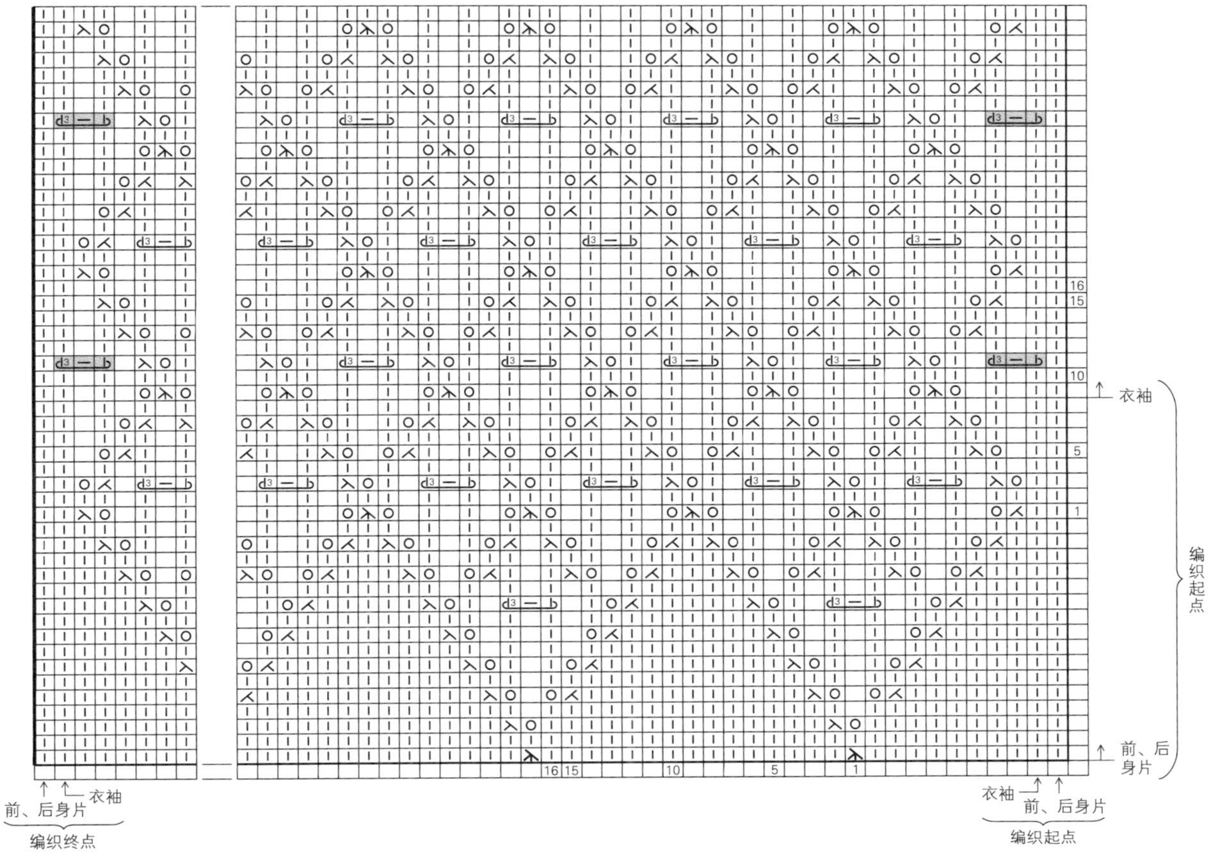

= 3卷结编

= 袖下编织成 ，之后一边做挑针缝合一边绕3圈线

边缘编织A

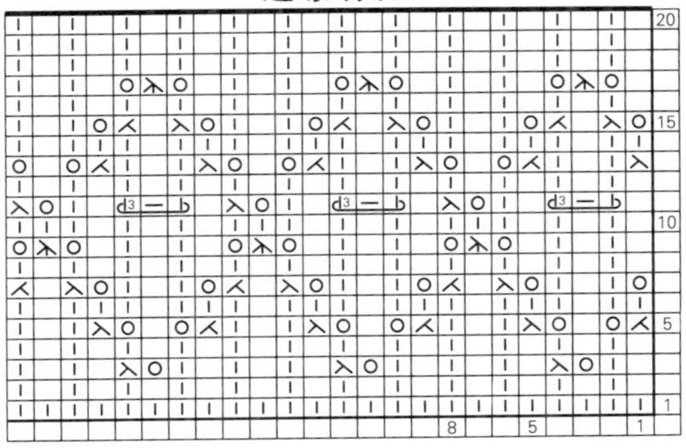

= 3卷结编

※第7行的编织起点第1针不编织直接移至右棒针上，在该行最后与编织终点针目一起编织左上2针并1针

※第13行的编织起点与前一行的编织终点针目一起编织右上2针并1针

前领窝的编织方法

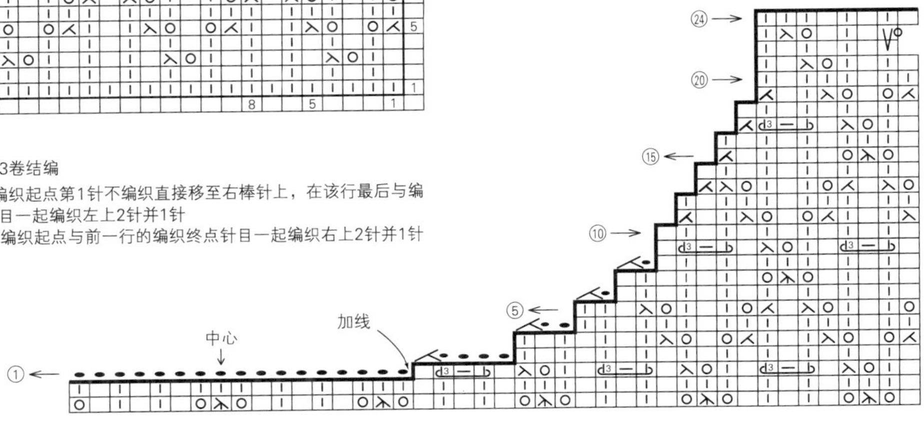

11 p.23

●**材料和工具** 钻石线 Diacosta Uno 米色（516）225g/7团
棒针7号、6号、4号
●**成品尺寸** 胸围98cm，肩宽37cm，衣长62cm（后身片）
●**编织密度** 10cm×10cm面积内：编织花样A 25针，30行；编织花样B 21针，29行
●**编织要点** **身片**…手指挂线起针后，开始做起伏针、编织花样A和上针编织。接着按编织花样B编织育克，注意后育克是将左后身片放在右后身片上重叠15针挑针。袖窿、领窝减2针及以上时做伏针减针，减1针时立起侧边1针减针。
组合…肩部做盖针接合，胁部做挑针缝合。衣领、袖窿挑取指定数量的针目后环形编织起伏针，编织终点做上针的伏针收针。

衣领、袖窿（起伏针） 4号针

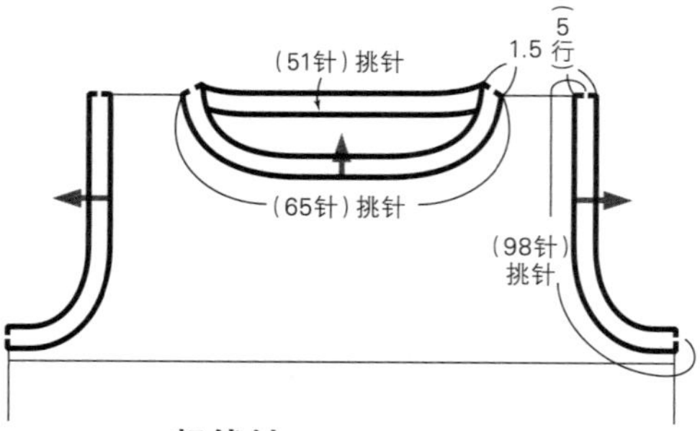

起伏针
（衣领、袖窿）

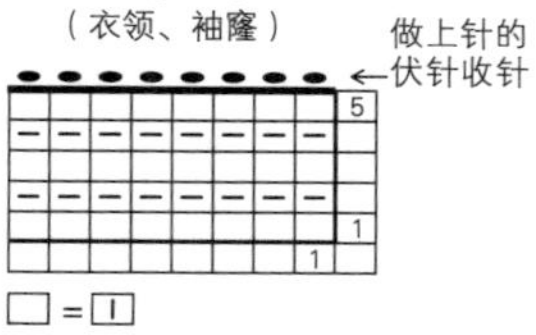

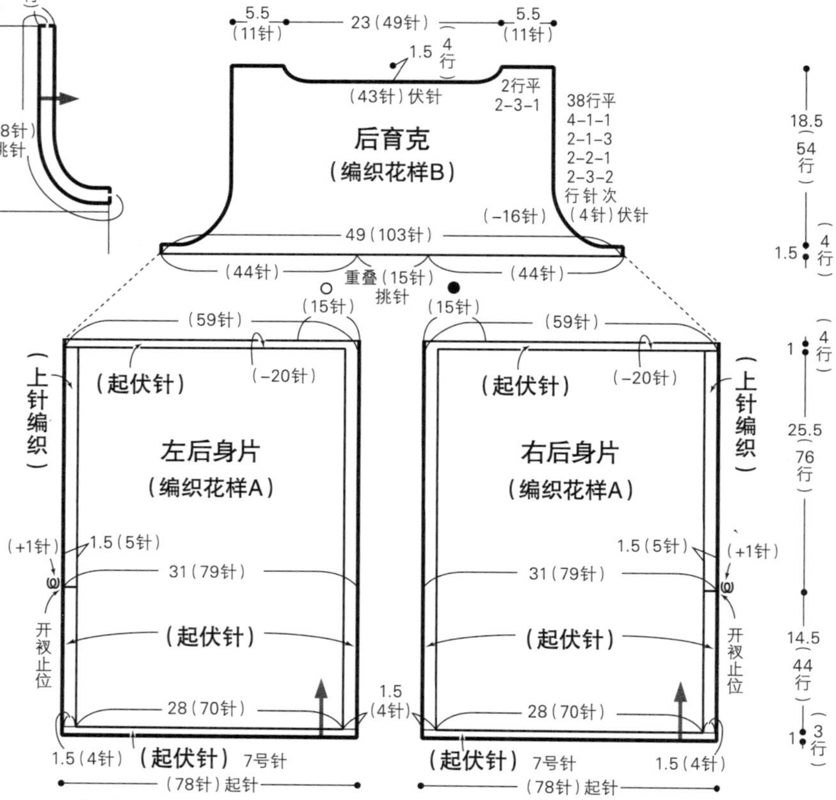

※除指定以外均用6号针编织
※编织后育克时，将○重叠在●上，在2层针目里一起挑取15针

编织花样B

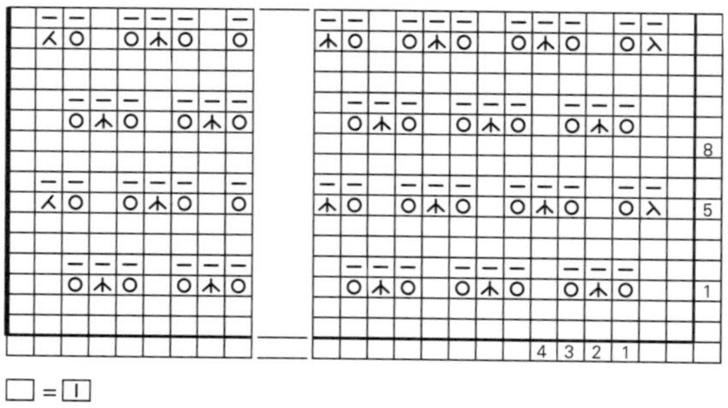

起伏针（下摆）

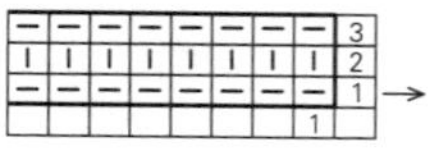

起伏针
（开衩、后中心）

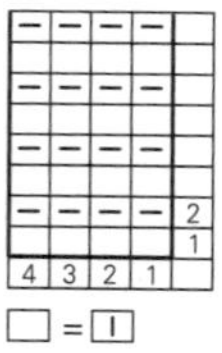

编织花样A

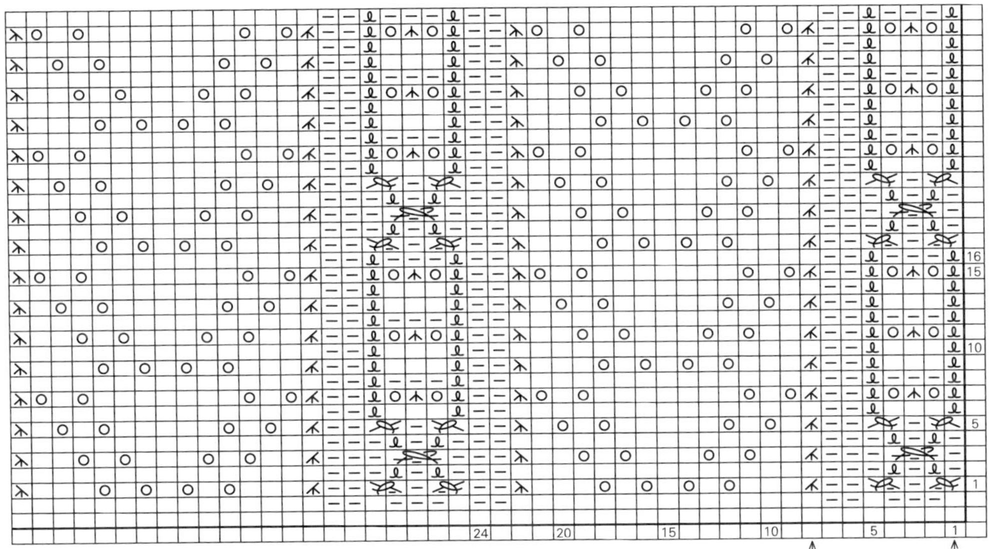

□ = ⊟
= 右上扭针的1针交叉（下方为上针）
= 左上扭针的1针交叉（下方为上针）
= 右上扭针的1针交叉（中间有1针上针）
= 左上扭针的1针交叉
= 右上扭针的1针交叉

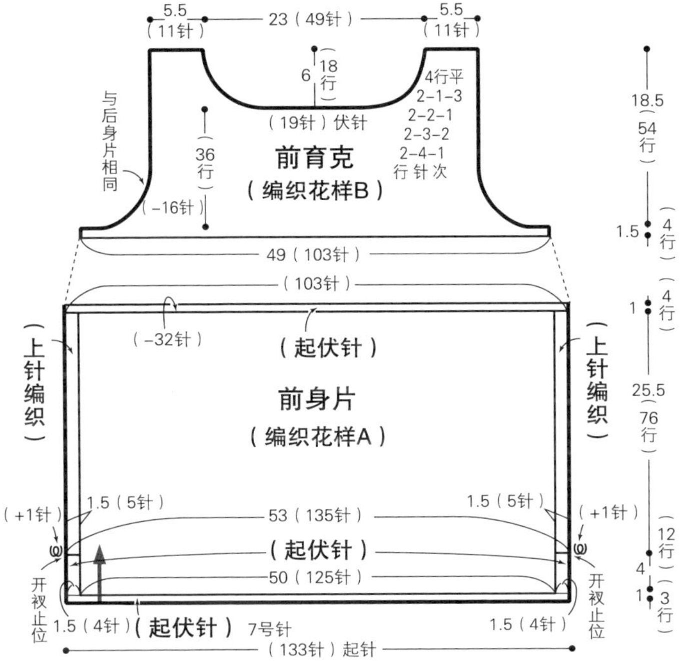

前身片起伏针的减针方法

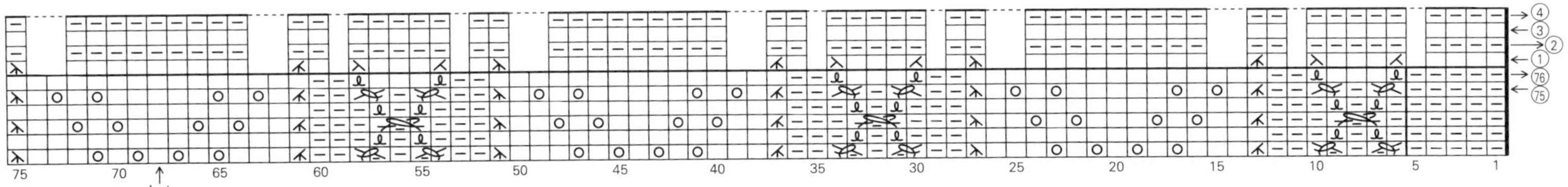

□ = ⊟

※左右对称减针

左后身片起伏针的减针方法

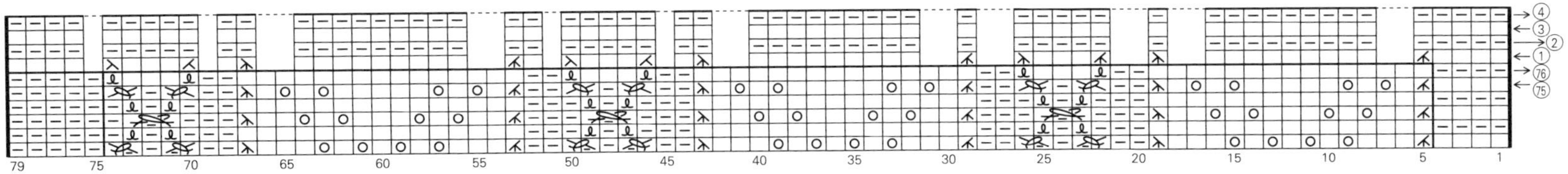

□ = ⊟　※右后身片按相同要领减针

12 p.24

●**材料和工具** 钻石线 Masterseed Cotton 浅灰色（122）345g/12团
棒针5号、4号、3号

●**成品尺寸** 胸围110cm，衣长51cm，连肩袖长53.5cm

●**编织密度** 10cm×10cm面积内：编织花样A 31针，33行

●**编织要点** **身片**…另线锁针起针后，按编织花样A编织。减2针及以上时做伏针减针，减1针时立起侧边1针减针。下摆解开起针时的锁针挑针后，按编织花样B编织，编织终点做扭针的单罗纹针收针。

组合…肩部做盖针接合。衣袖挑取指定数量的针目后按编织花样A编织。接着，一边减针一边按编织花样C编织，编织终点与下摆一样收针。衣领挑取指定数量的针目后按编织花样C’编织，编织终点与下摆一样收针。胁部、袖下做挑针缝合。

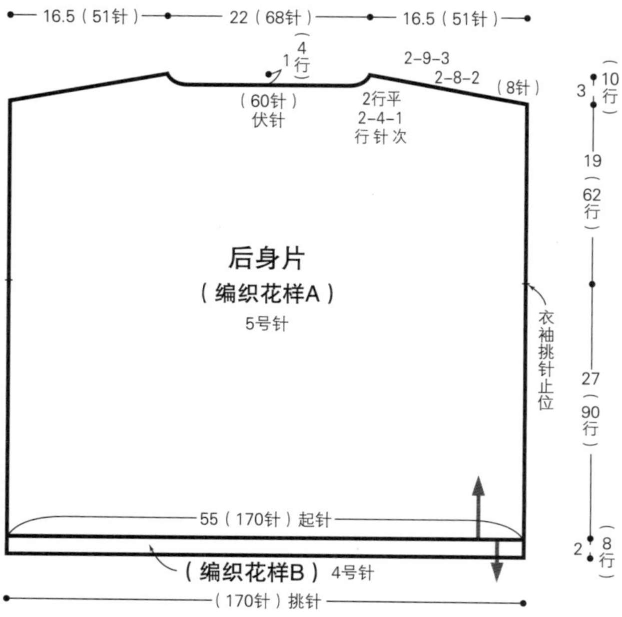

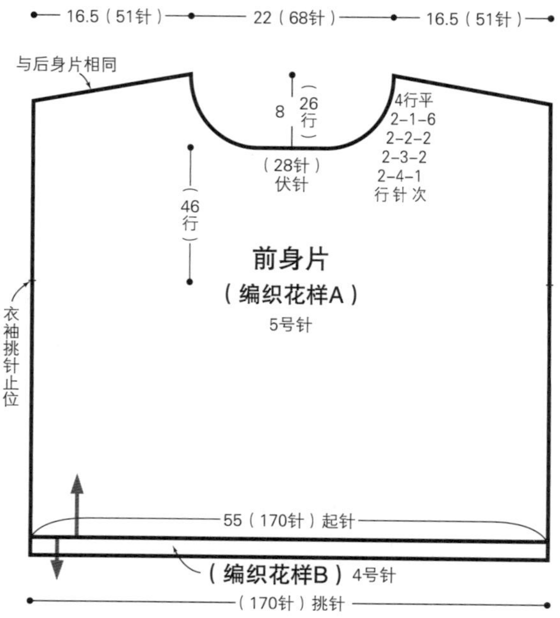

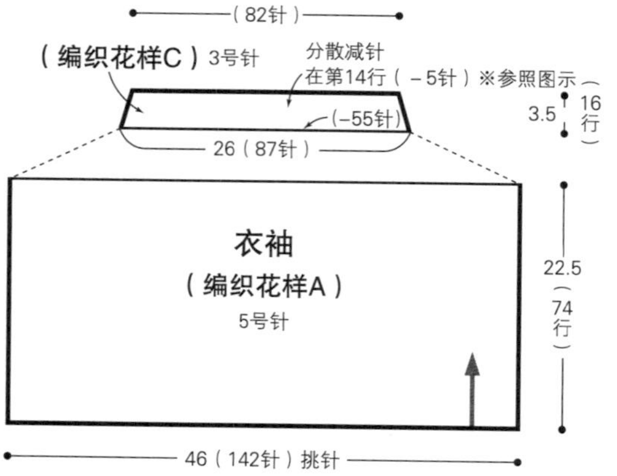

衣领（编织花样C’）3号针

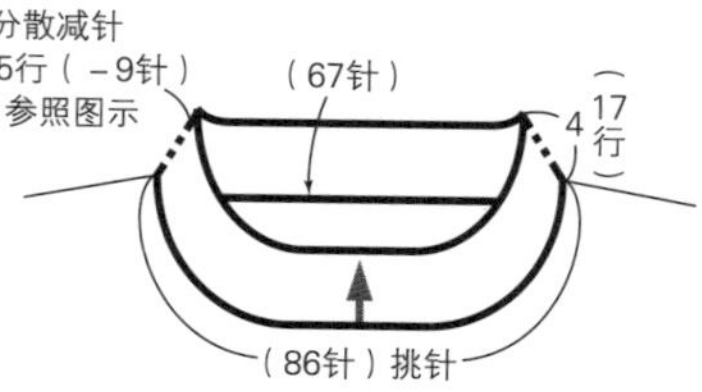

※扭针的单罗纹针收针方法
请参照p.93

编织花样A

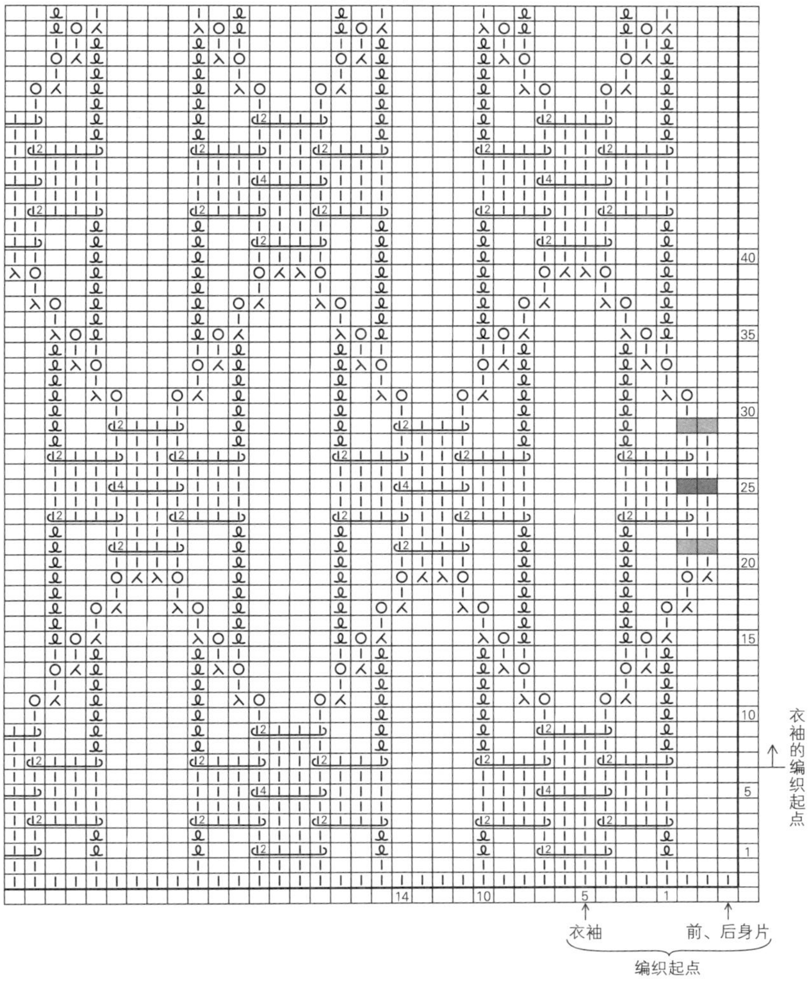

□ = ⊟

d2⊥⊥⊥b = 2卷结编

d4⊥⊥⊥b = 4卷结编

(浅灰色) = 挑针缝合后绕2圈线

(深灰色) = 挑针缝合后绕4圈线

编织花样B

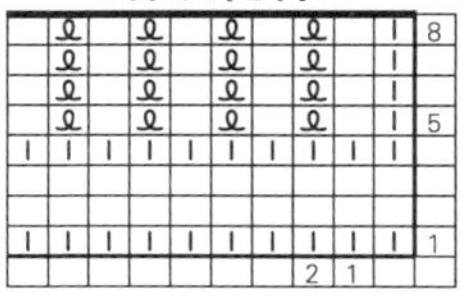

□ = ⊟

编织花样C

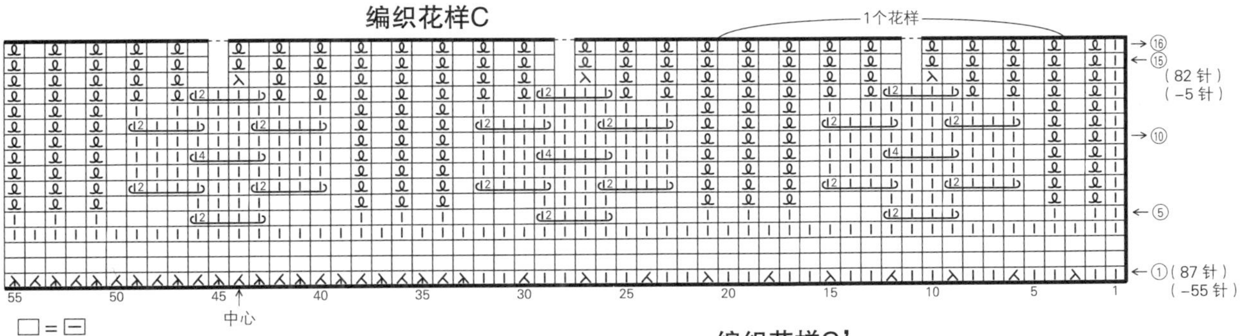

□ = ⊟

d2⊥⊥⊥b = 2卷结编

※编织方法请参照p.101

d4⊥⊥⊥b = 4卷结编

编织花样C’

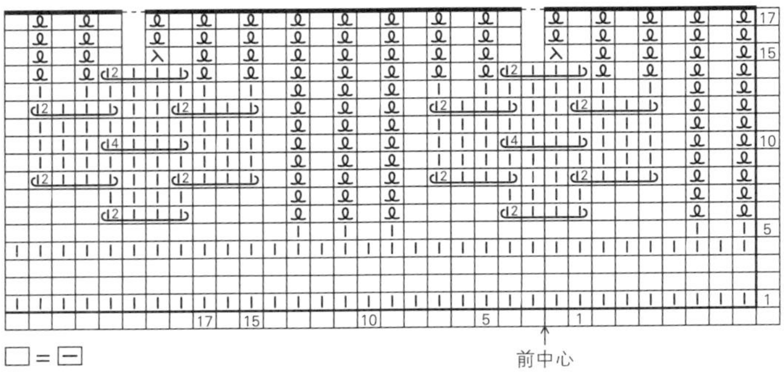

□ = ⊟

d2⊥⊥⊥b = 2卷结编

d4⊥⊥⊥b = 4卷结编

13 p.25

●**材料和工具** 钻石线 Masterseed Cotton〈Silk〉浅灰粉色（8113）240g/10团
棒针5号、4号、3号

●**成品尺寸** 胸围94cm，衣长54.5cm，连肩袖长30.5cm

●**编织密度** 10cm×10cm面积内：编织花样A 26.5针，32行；下针编织26针，34行

●**编织要点** **身片、育克**…身片另线锁针起针后，开始做编织花样A、B和下针编织。育克从身片以及提前准备好的另线锁针上挑针，一边分散减针一边做编织花样B、C。接着衣领做边缘编织，编织终点做扭针的单罗纹针收针。下摆解开起针时的锁针挑针后按编织花样B编织，编织终点一边编织上针一边松松地做伏针收针。

组合…胁部做挑针缝合。袖口解开另线锁针，并从腋下、前后差上挑针，编织边缘。编织终点与衣领一样收针。

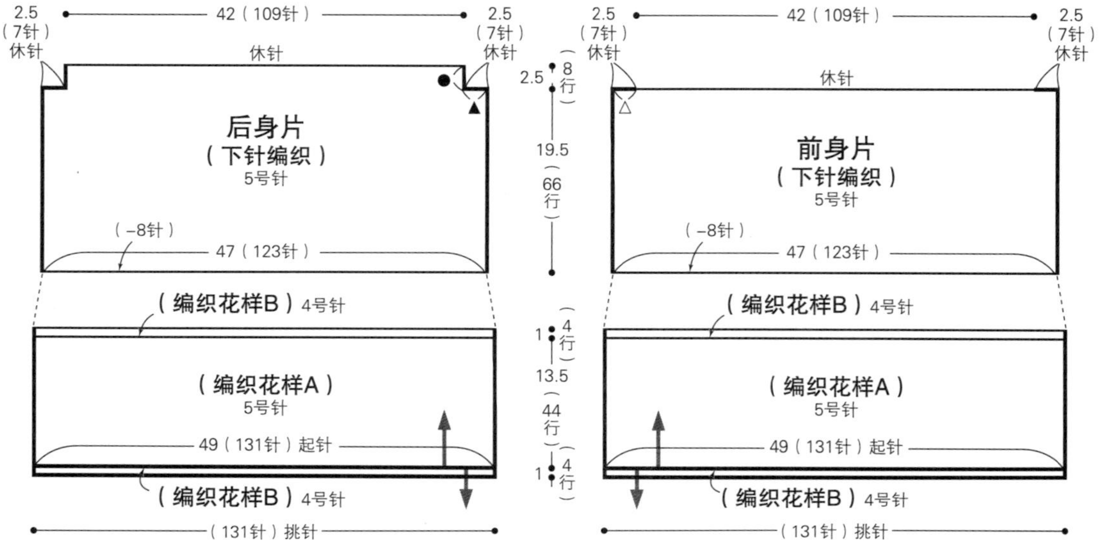

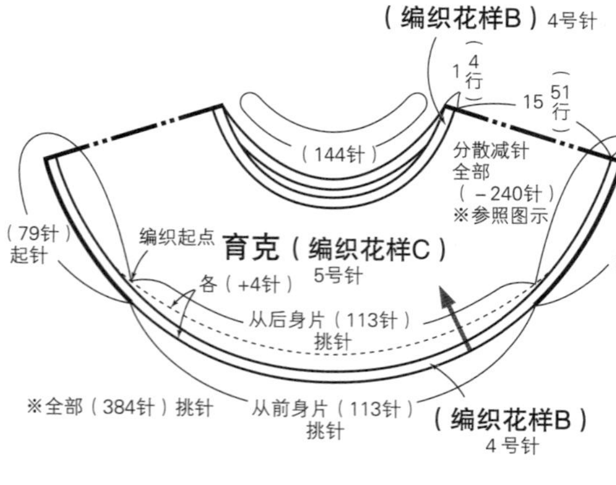

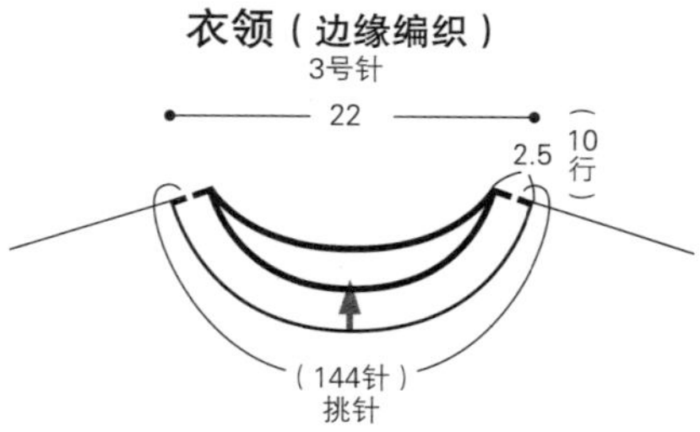

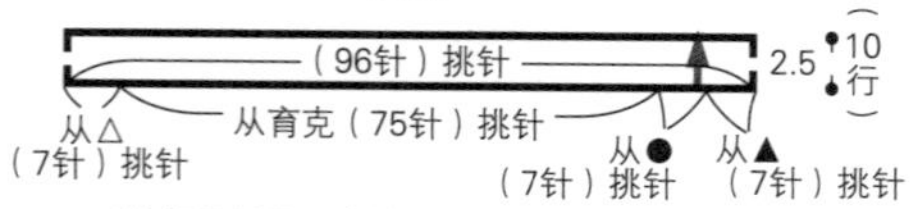

※对齐标记适用于右袖口

※扭针的单罗纹针收针方法请参照p.93

边缘编织

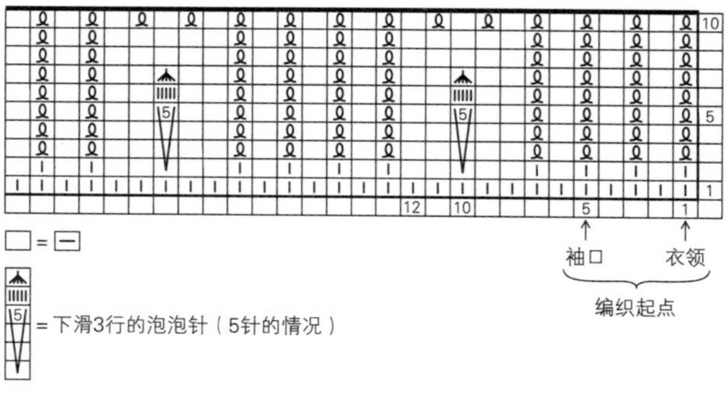

编织花样A

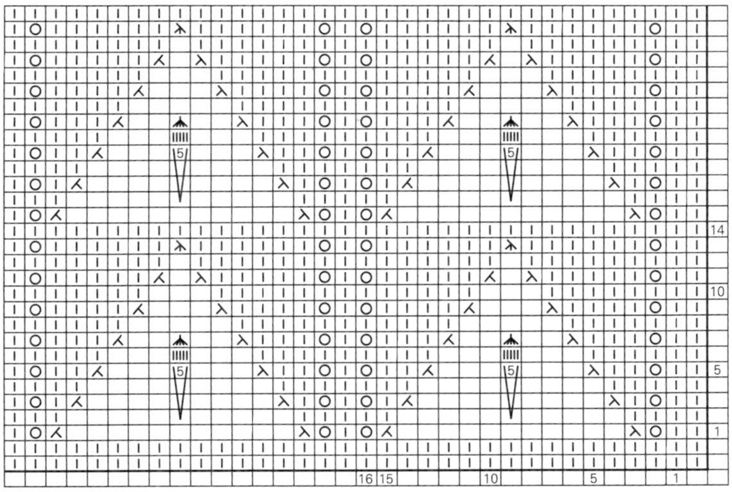

= 下滑3行的泡泡针（5针的情况）

编织花样B（身片）

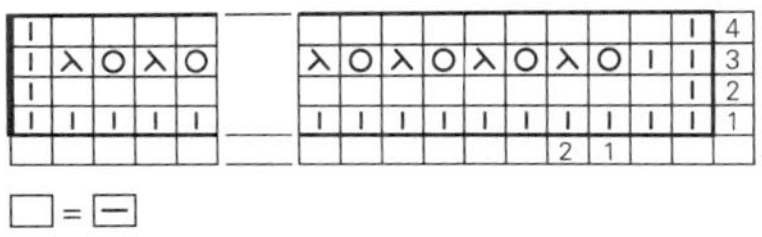

编织花样B（下摆）

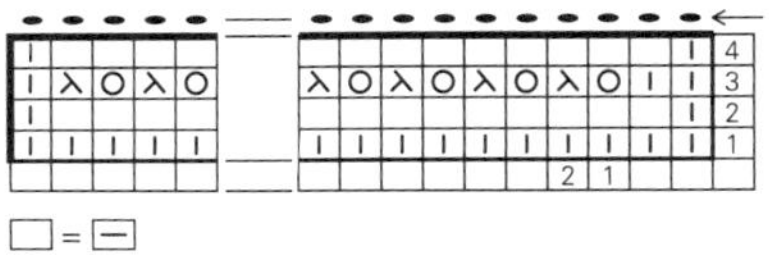

※转下一页

下滑3行的泡泡针（3针的情况）

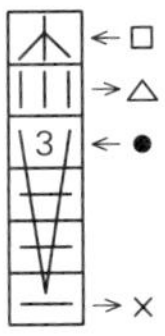

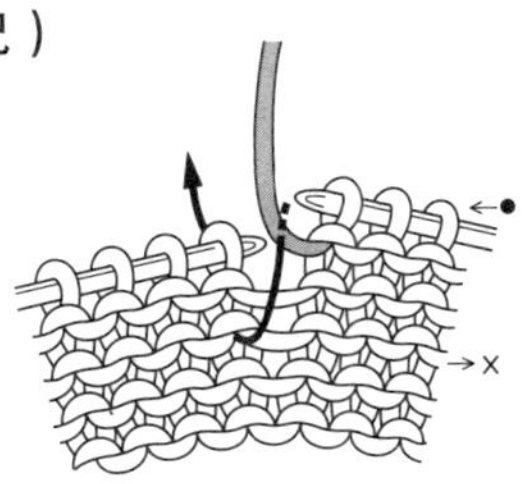

1 如箭头所示，在前3行（×行）的针目里插入右棒针，将线长长地拉出，编织下针。

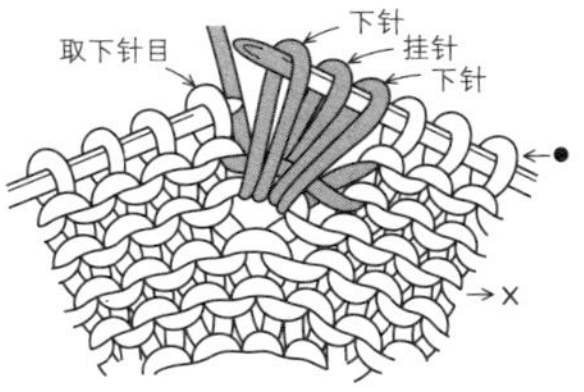

2 接着挂针，在同一个针目里插入棒针编织下针，然后取下左棒针上的针目拆开线圈。

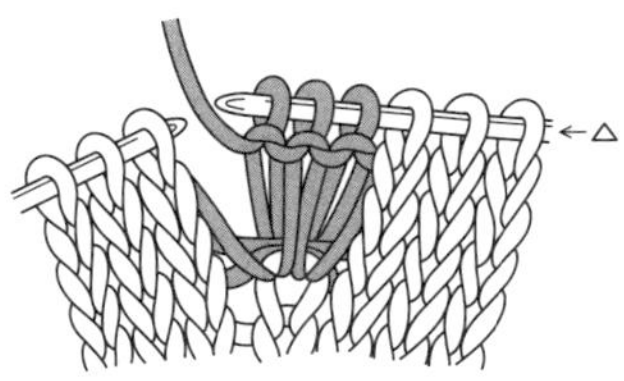

3 下一行从反面编织上针。

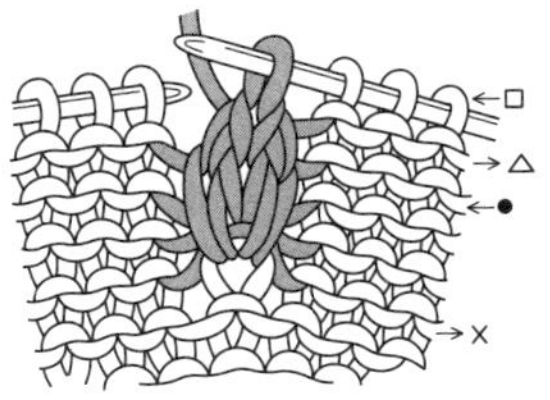

4 □行在这3针里编织中上3针并1针，下滑3行的泡泡针（3针的情况）完成。

育克的分散减针

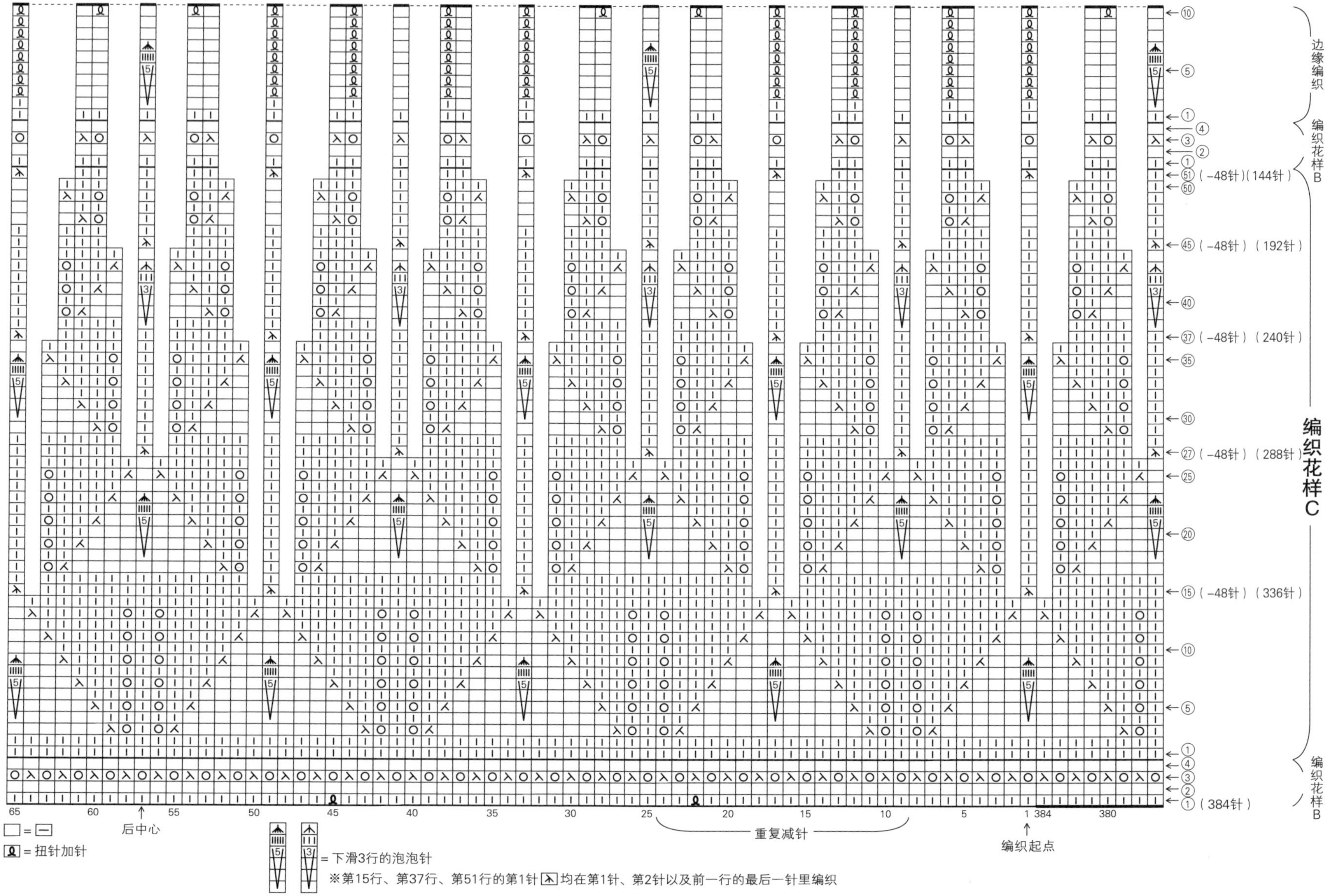
边缘编织
编织花样B
编织花样C
编织花样B
(-48针)(144针)
(-48针)(192针)
(-48针)(240针)
(-48针)(288针)
(-48针)(336针)
(384针)
后中心
重复减针
编织起点
□=⊟
=扭针加针
=下滑3行的泡泡针
※第15行、第37行、第51行的第1针均在第1针、第2针以及前一行的最后一针里编织

16 p.29

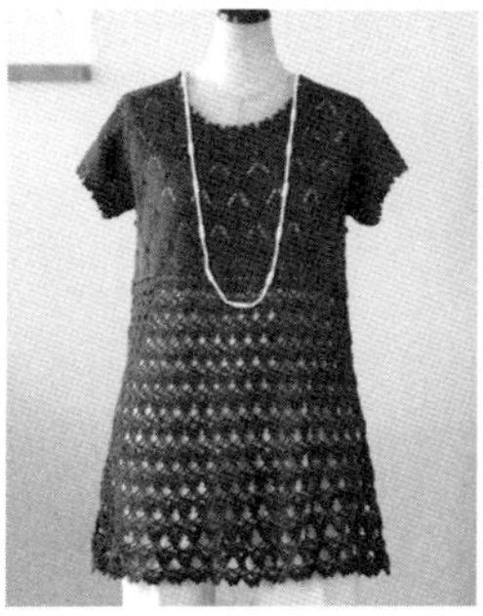

●**材料和工具**　钻石线 Diacielo　蓝色（107）255g/9团

棒针5号，钩针4/0号、3/0号

●**成品尺寸**　胸围94cm，衣长66.5cm，连肩袖长28.5cm

●**编织密度**　10cm×10cm面积内：编织花样A 26针，38行

编织花样B（编织起点侧）的1个花样2.3cm，10cm13行

●**编织要点**　**身片、衣袖**…前、后身片〈上〉手指挂线起针后，按编织花样A编织。袖下的加针是从另线锁针上挑针编织。领窝减2针及以上时做伏针减针，减1针时立起侧边1针减针。肩部做盖针接合，胁部做挑针缝合，袖下解开起针时的锁针做下针无缝缝合。前、后身片〈下〉用钩针从起针行挑针，参照图示按编织花样B一边分散加针一边做环状的往返编织。

组合…衣领、袖口挑取指定数量的针目后，环形钩织边缘。

编织花样A

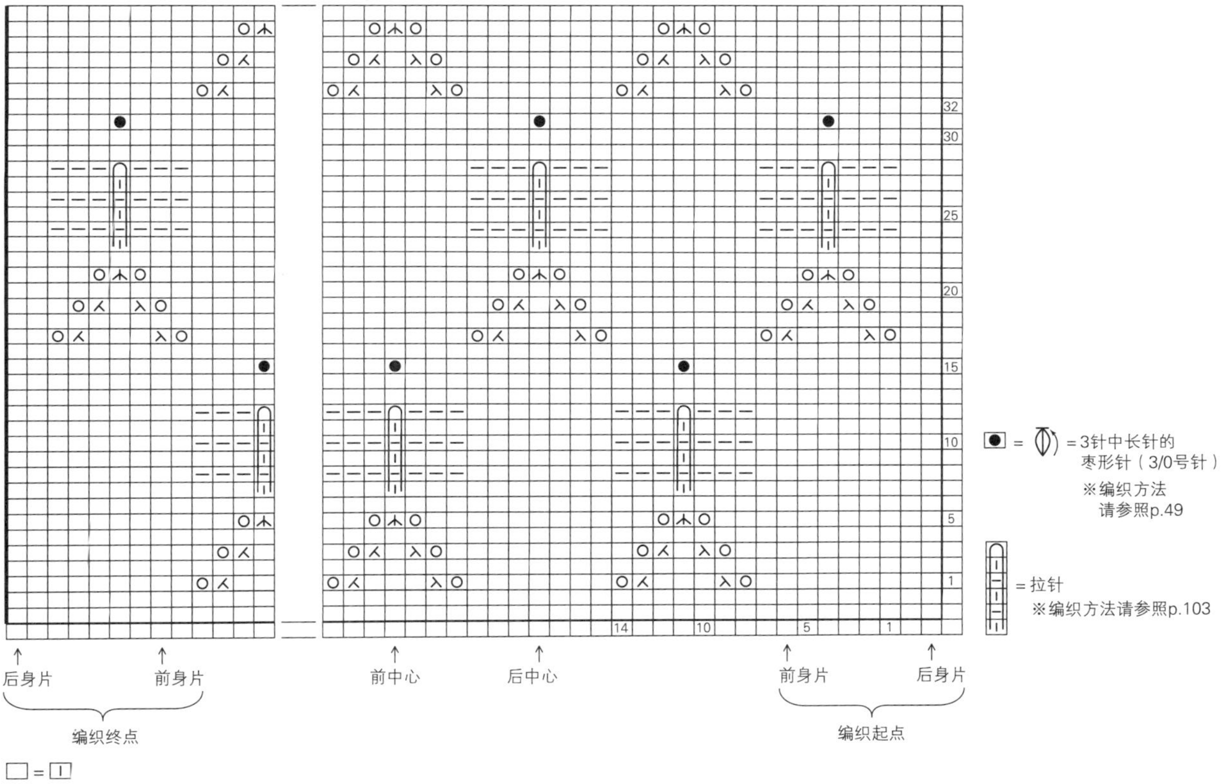

袖下的加减针（后身片）

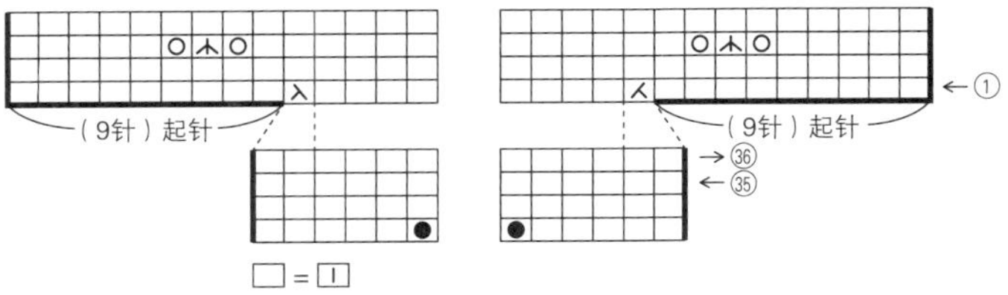

※前身片也按相同要领编织

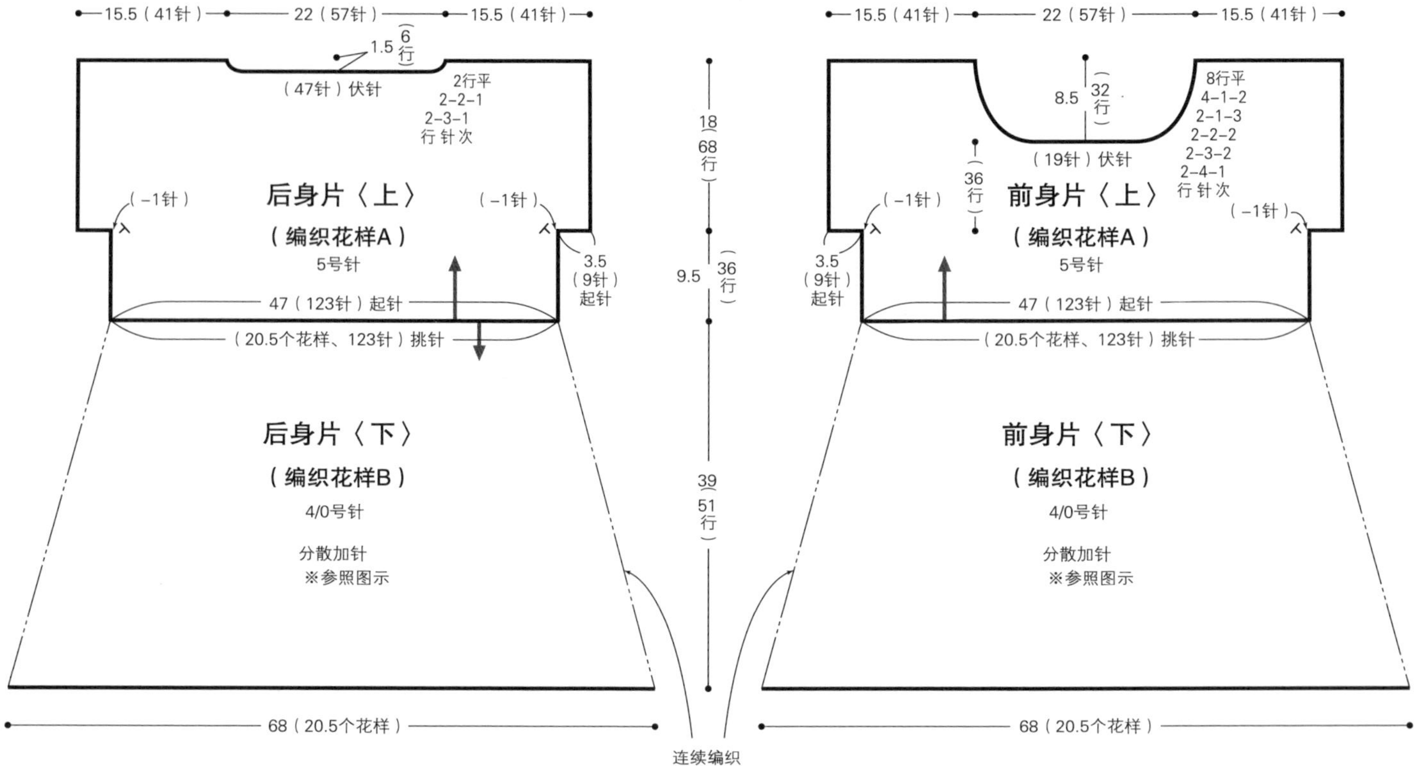

衣领、袖口（边缘编织） 4/0号针

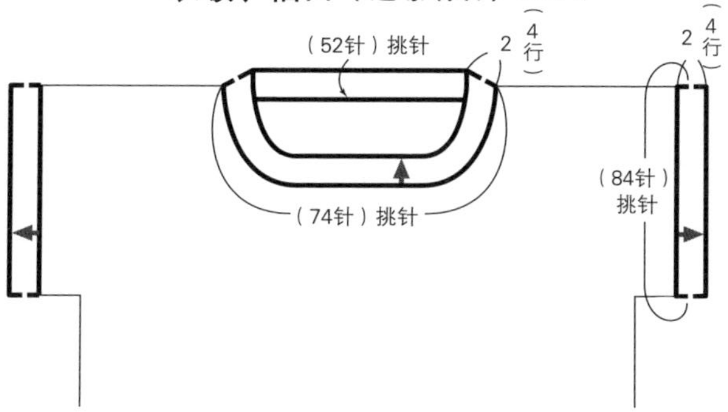

边缘编织

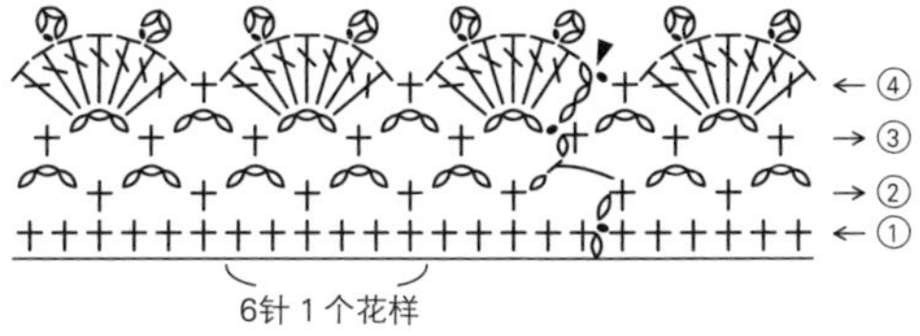

编织花样B

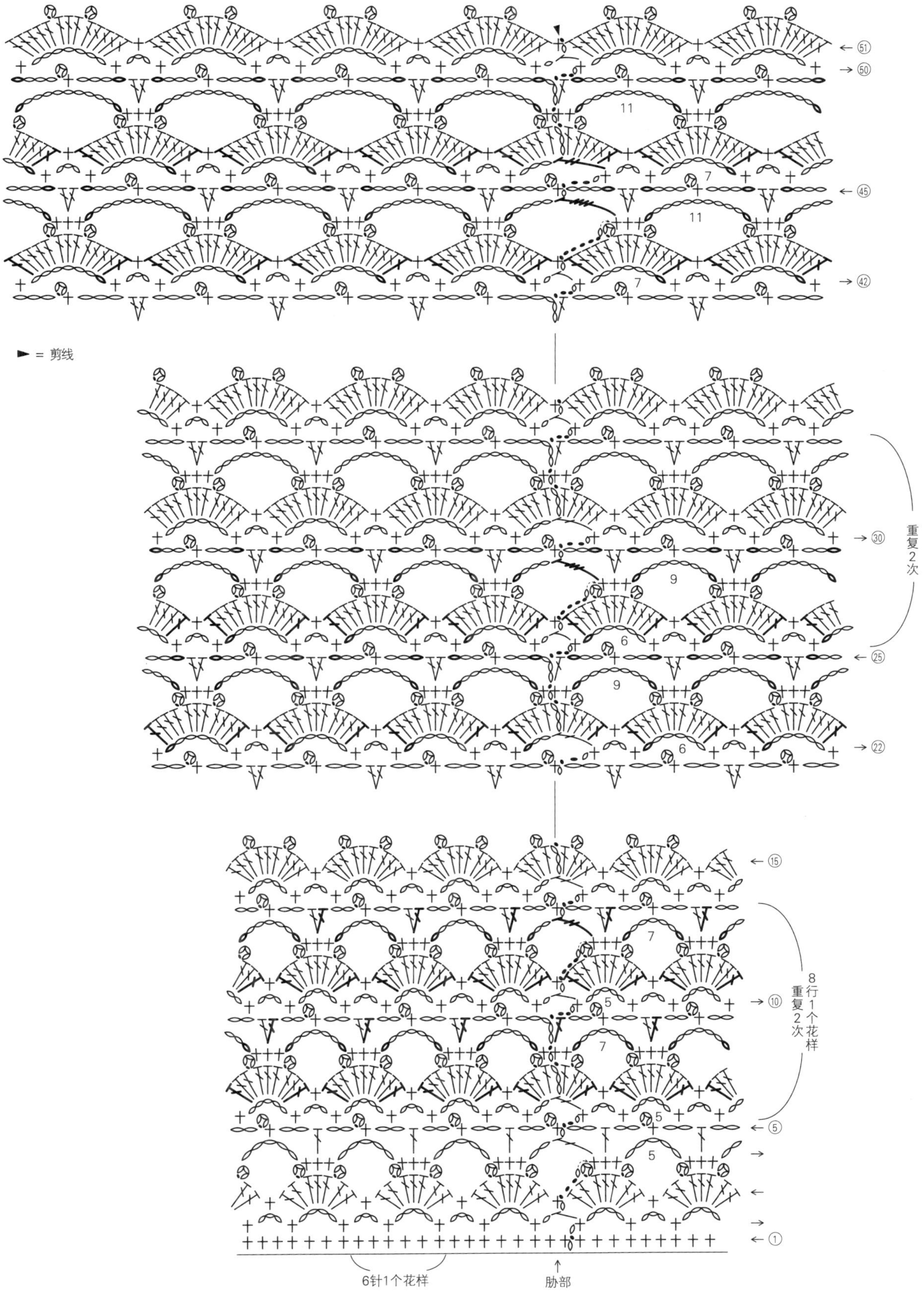

14 p.26

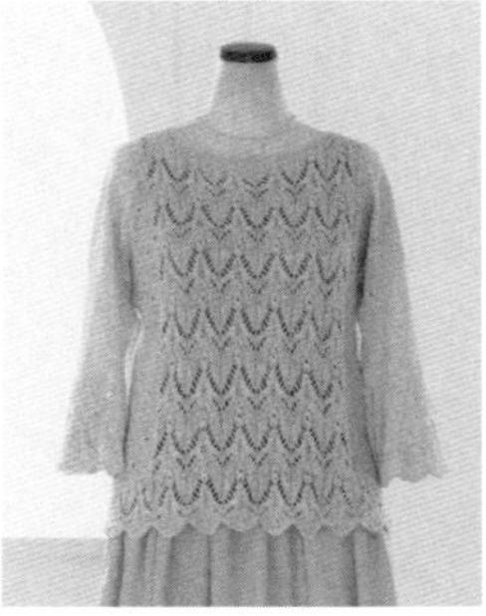

●**材料和工具** 钻石线 Diacielo 米色（103）220g/8团
棒针5号、3号

●**成品尺寸** 胸围96cm，衣长53.5cm，连肩袖长53cm

●**编织密度** 10cm×10cm面积内：编织花样A 30针，33行；编织花样B 26针，37行

●**编织要点** **身片、衣袖…**身片另线锁针起针后，按编织花样A编织。领窝减2针及以上时做伏针减针，减1针时立起侧边1针减针。衣袖与身片一样起针后按编织花样A编织，参照图示减针，接着按编织花样B编织。每6行加1针和每4行加1针时，在1针内侧做扭针加针；每2行加1针时编织挂针，然后在下一行编织成扭针；加2针及以上时做卷针加针。编织指定行数后，从提前准备好的另线锁针上挑针继续编织，编织终点做休针处理。下摆、袖口解开起针时的锁针挑针后编织起伏针，编织终点一边编织上针一边松松地做伏针收针。

组合…肩部做盖针接合。衣领挑取指定数量的针目后环形编织起伏针，编织终点做上针的伏针收针。身片和衣袖参照图示进行组合。

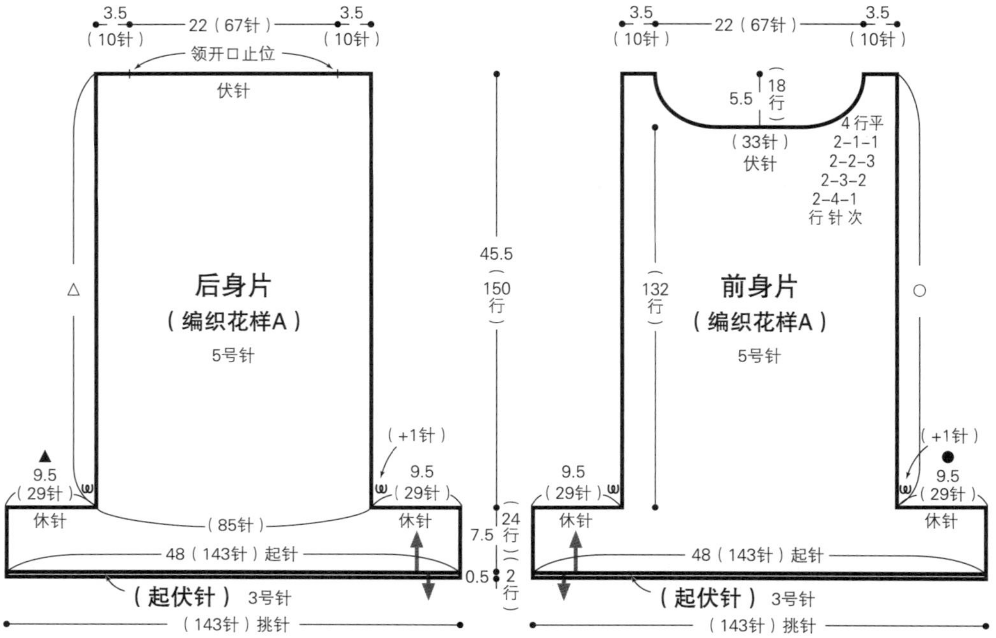

※对齐相同标记做针与行的接合

编织花样A

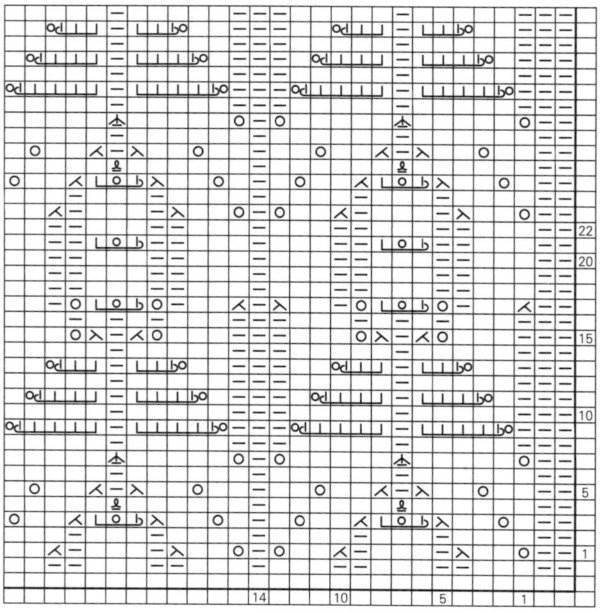

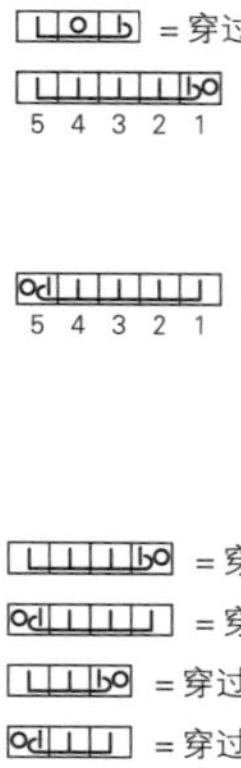
= 穿过左针的盖针（3针的情况）
= 穿过左针的盖针（5针的情况）
5 4 3 2 1
① 挂针
② 将针目5覆盖在针目1~4上
③ 在针目1~4里编织下针
= 穿过右针的盖针（5针的情况）
5 4 3 2 1
① 改变针目1的方向，将针目1~5移至右棒针上
② 将针目1覆盖在针目2~5上
③ 将针目2~5移回左棒针上编织下针
④ 挂针
= 穿过左针的盖针（4针的情况）
= 穿过右针的盖针（4针的情况）
= 穿过左针的盖针（3针的情况）
= 穿过右针的盖针（3针的情况）

□ = 丨

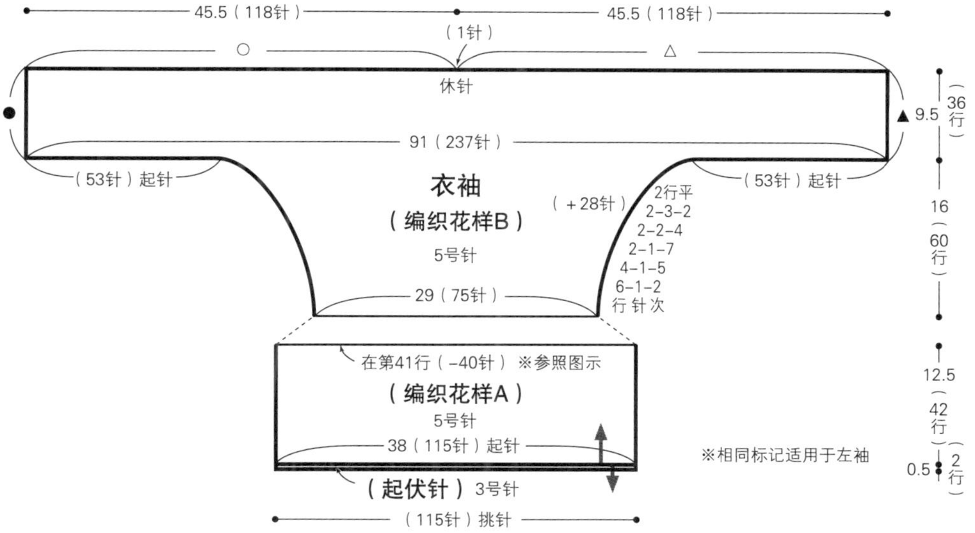

编织花样A的减针（衣袖）

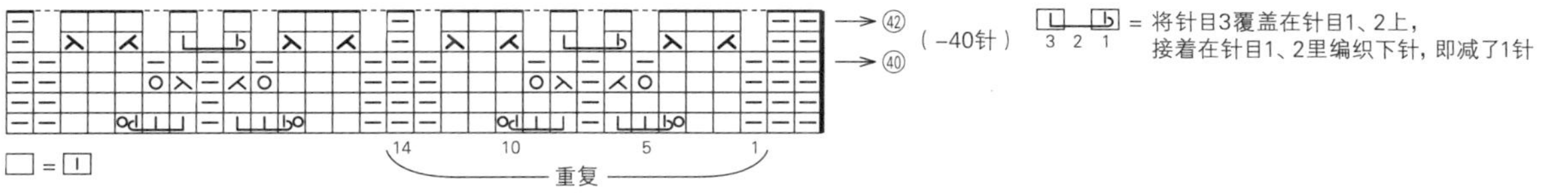

衣领（起伏针）3号针

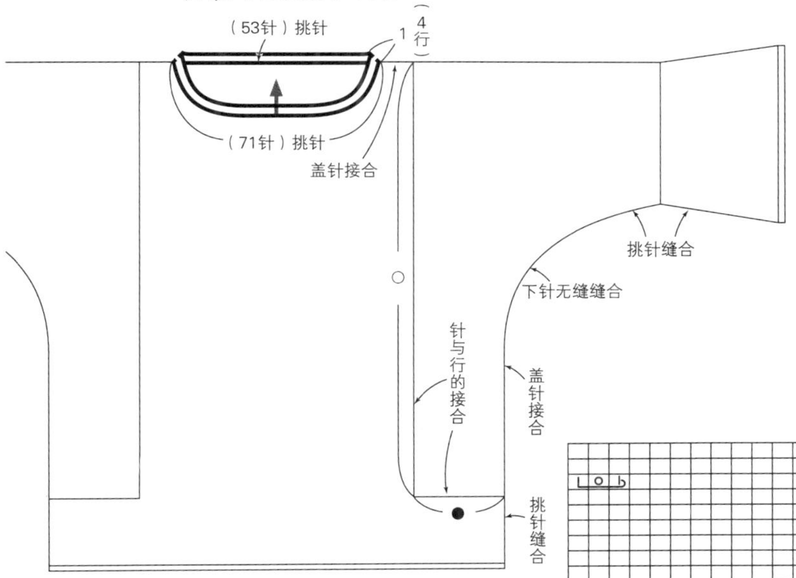

起伏针

（下摆、袖口）

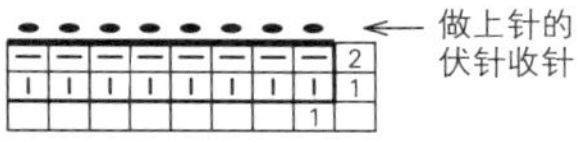

起伏针（衣领）

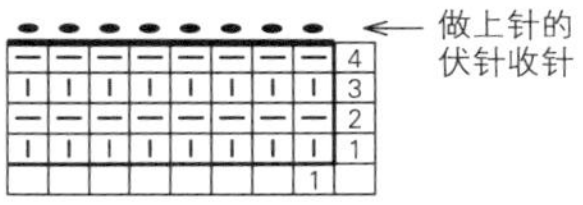

编织花样B

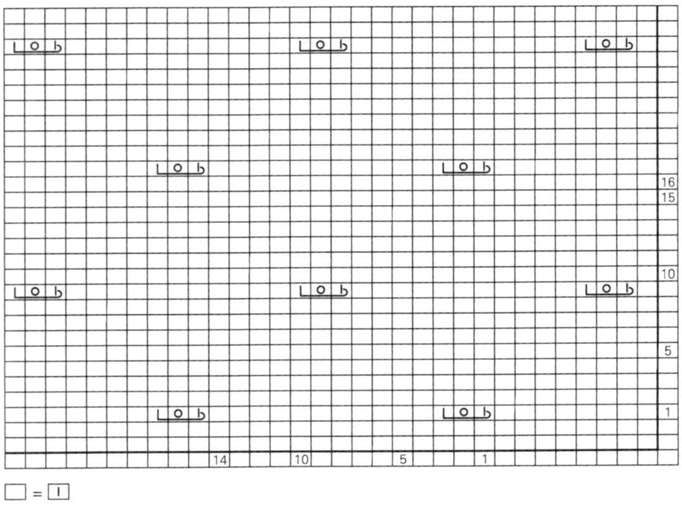

15 p.28

●**材料和工具**　钻石线 Masterseed Cotton〈Silk〉原白色（8111）245g/10团
棒针4号、5号、2号

●**成品尺寸**　胸围92cm，衣长57cm，连肩袖长28.5cm

●**编织密度**　10cm×10cm面积内：编织花样A 22针，28行（5号针）；编织花样B、C均为27针，33行

●**编织要点**　**身片**…另线锁针起针后，一边调整编织密度一边按编织花样A编织，在第31行做平均减针。编织花样B在两端加针后开始编织。编织70行后，从提前准备好的另线锁针上挑针，按编织花样C继续编织。领窝减2针及以上时做伏针减针，减1针时立起侧边1针减针。下摆解开起针时的锁针挑针后编织起伏针，编织终点从反面做伏针收针。

组合…肩部做盖针接合。袖下解开起针时的锁针做盖针接合，胁部做挑针缝合。衣领、袖口按编织花样D环形编织，编织终点做扭针的单罗纹针收针。

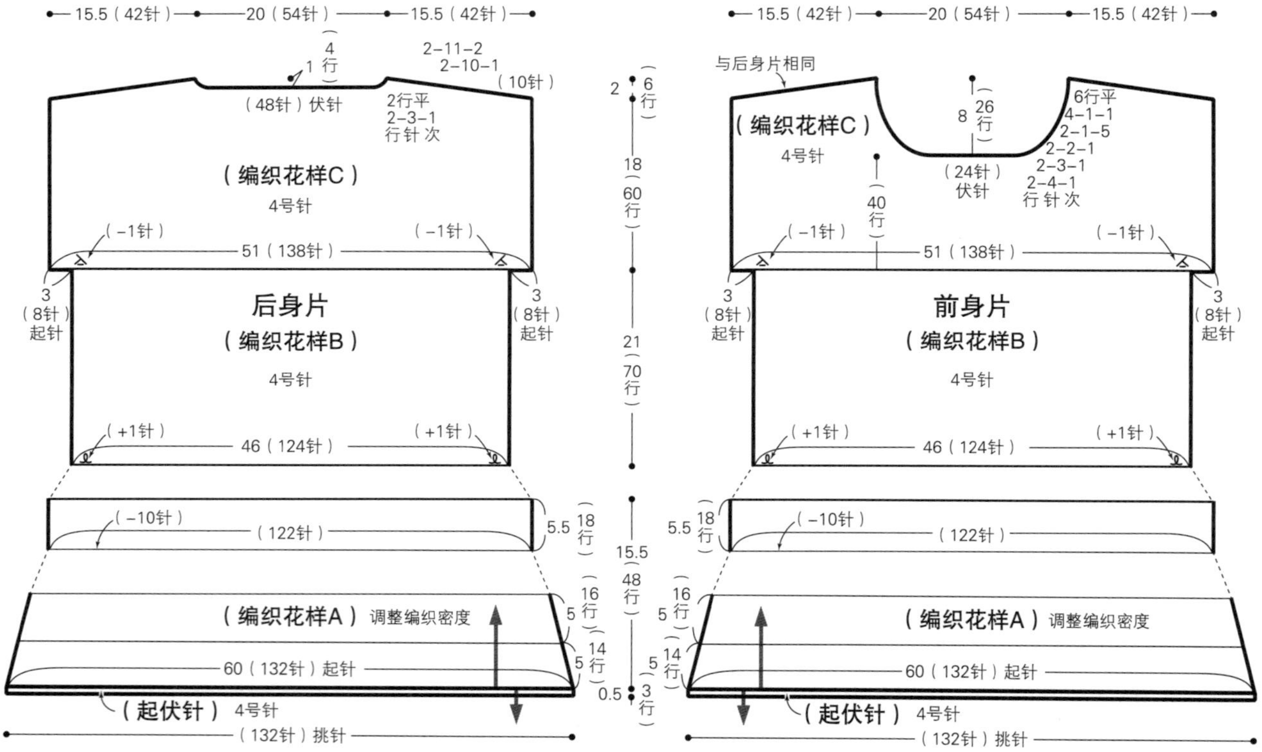

起伏针

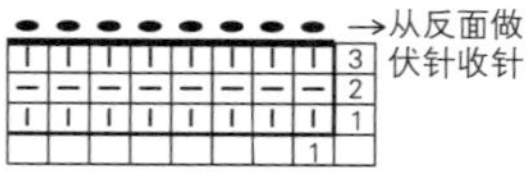

编织花样 A

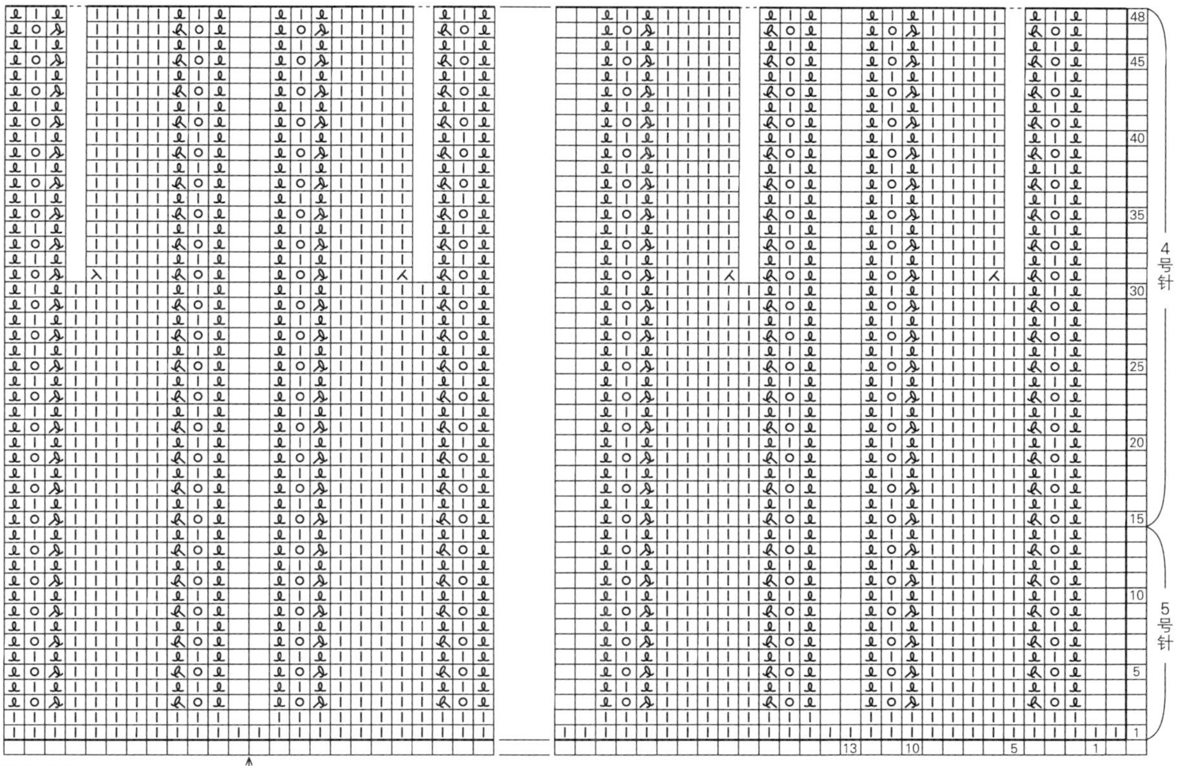

□ = ⊟

= 扭针的左上 2 针并 1 针

= 扭针的右上 2 针并 1 针

※编织方法请参照 p.102

※第 31 行的减针左右对称编织

编织花样 C

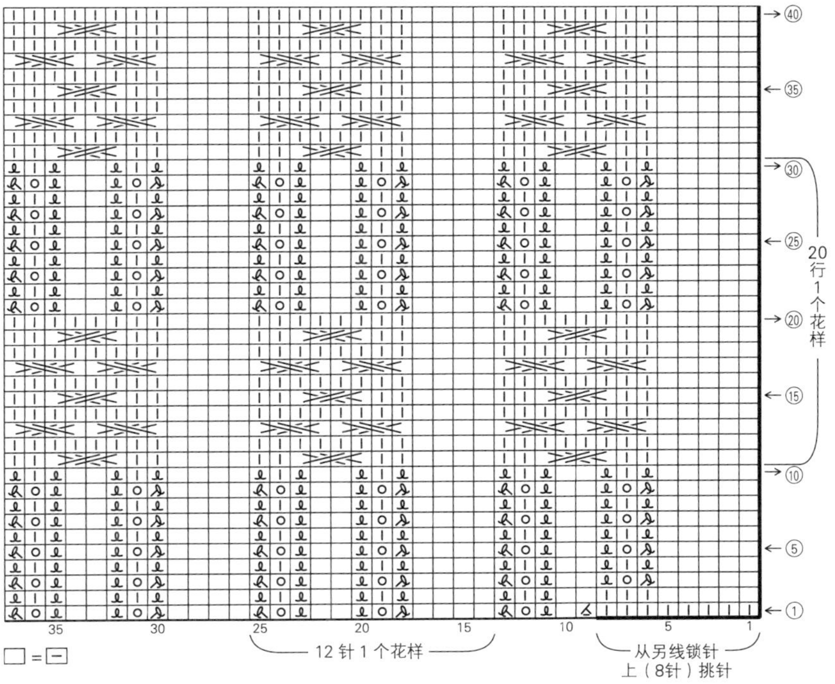

□ = ⊟

编织花样 B

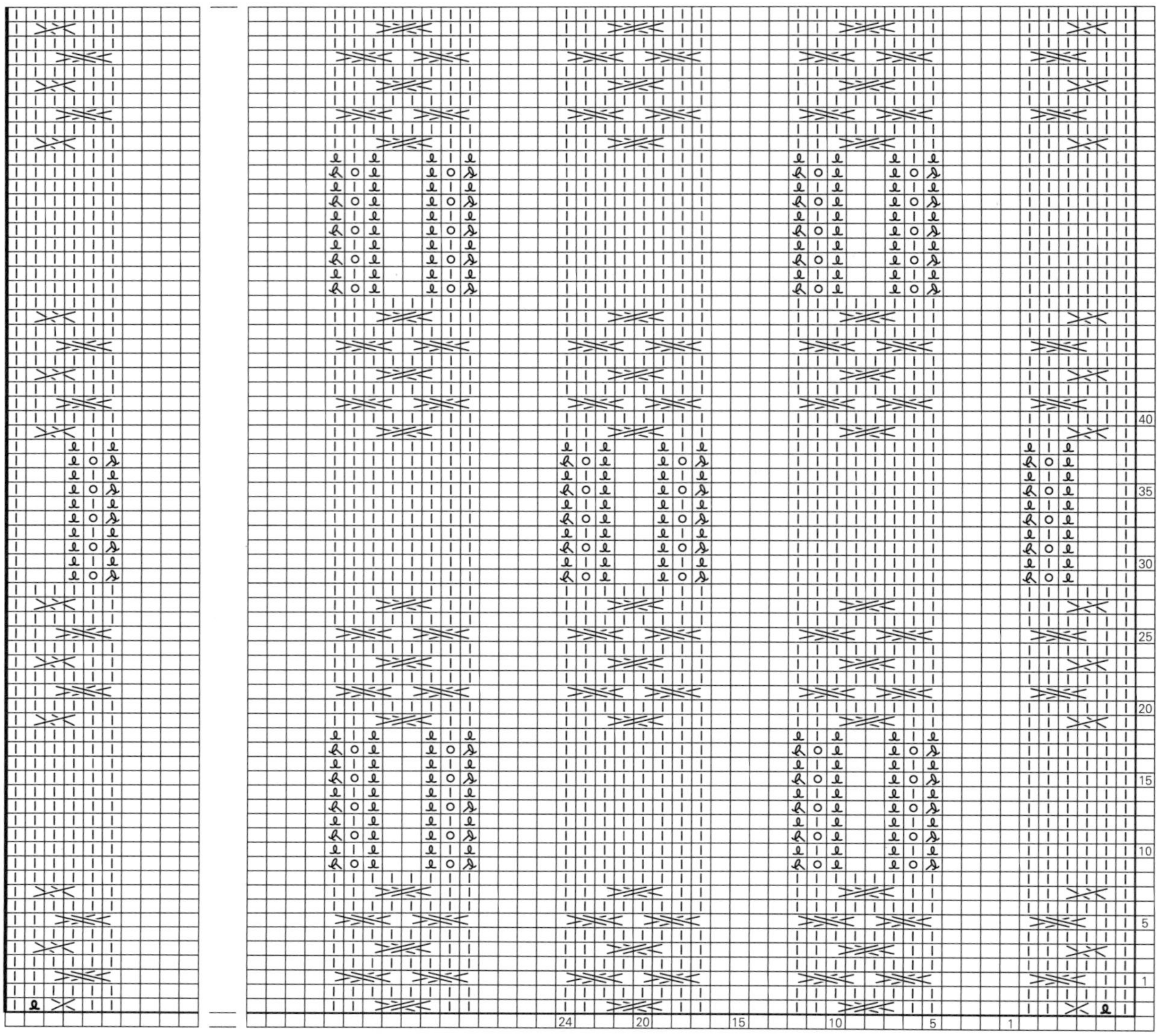

□ = ⊟

= 扭针加针

= 扭针的左上 2 针并 1 针

= 扭针的右上 2 针并 1 针

※编织方法请参照 p.102

衣领、袖口（编织花样D）2号针

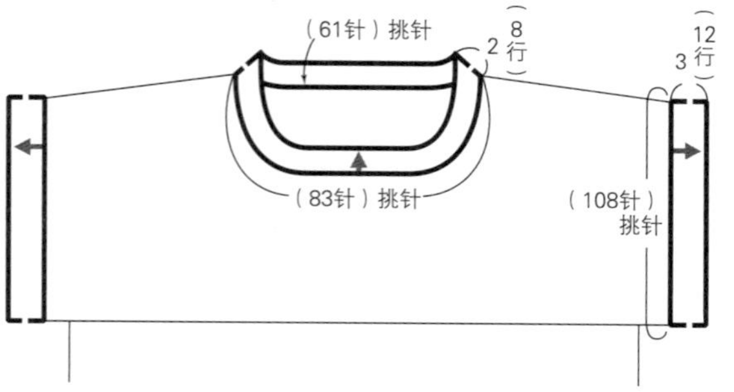

编织花样D

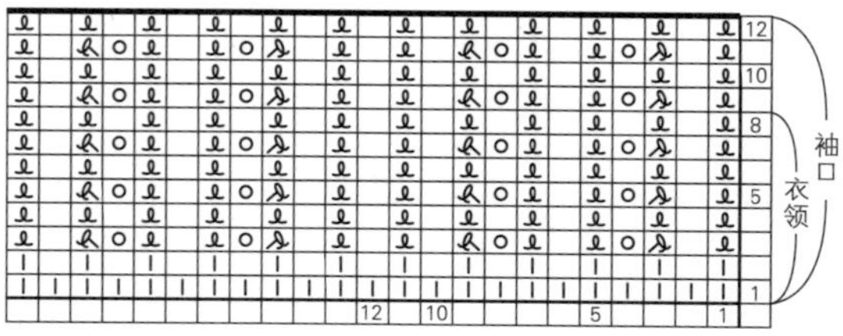

□ = ⊟

前领窝的编织方法

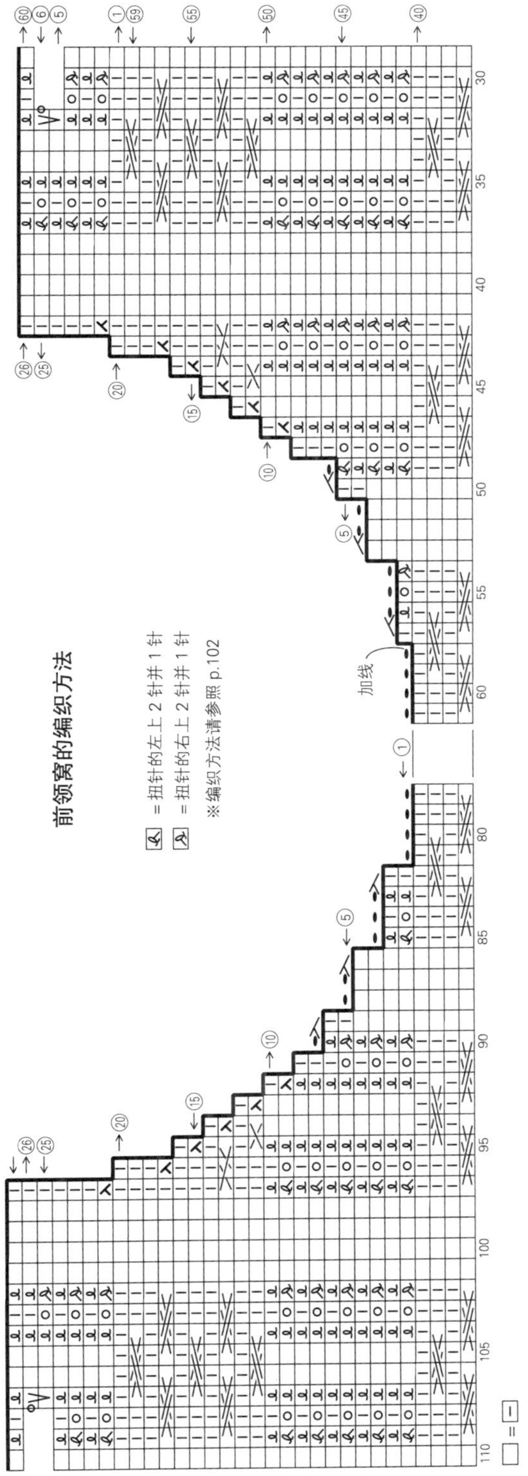

[扭针的左上2针并1针符号] = 扭针的左上 2 针并 1 针

[扭针的右上2针并1针符号] = 扭针的右上 2 针并 1 针

※编织方法请参照 p.102

扭针的单罗纹针收针

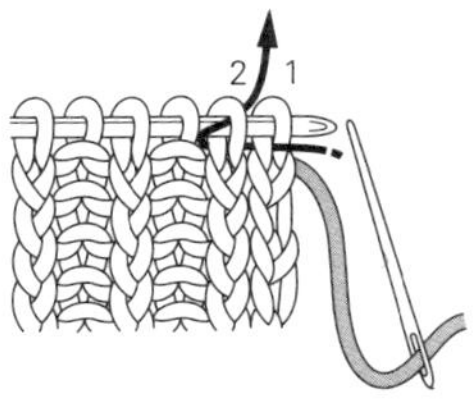

1 如箭头所示，在针目1、2里插入缝针，扭转针目2。

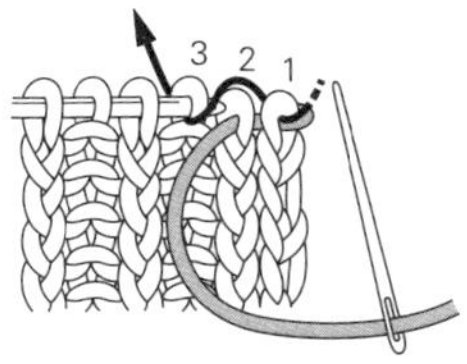

2 接着如箭头所示，在针目1、3里插入缝针。

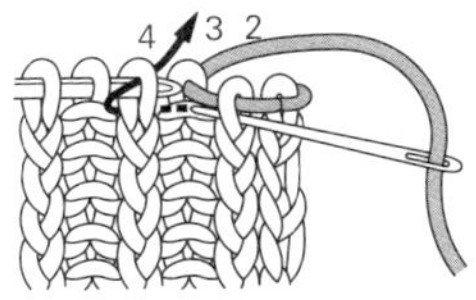

3 如箭头所示，在针目2、4里插入缝针，一边扭转下针一边做单罗纹针收针。

17 p.33

●材料和工具 钻石线 Diacielo 浅灰紫色（102）120g/4团

直径12mm的纽扣3颗

棒针4号、3号

●成品尺寸 衣长36cm

●编织密度 10cm×10cm面积内：编织花样B、C和下针编织均为25针，36行

●编织要点 另线锁针起针后，开始做编织花样A、A'、B、C和下针编织。参照图示分散减针。编织结束时，将前门襟做休针处理，编织花样C做伏针收针。衣领的编织花样A、A'从身片接着编织，编织花样D挑取指定数量的针目后编织。编织结束时，编织花样A、A'做上针的伏针收针，编织花样D做扭针的单罗纹针收针。下摆解开另线锁针挑针后编织起伏针，编织终点做上针的伏针收针。右前门襟利用花样的空隙作为扣眼，最后在左前门襟缝上纽扣。

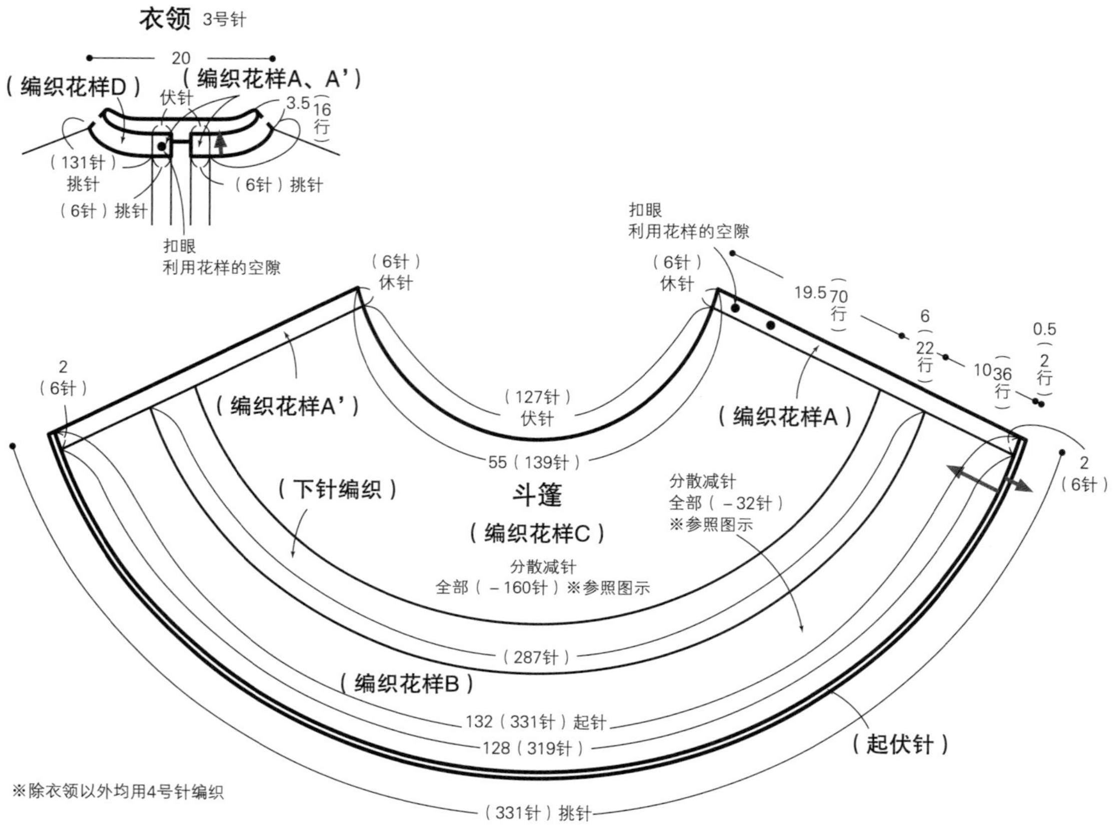

※除衣领以外均用4号针编织

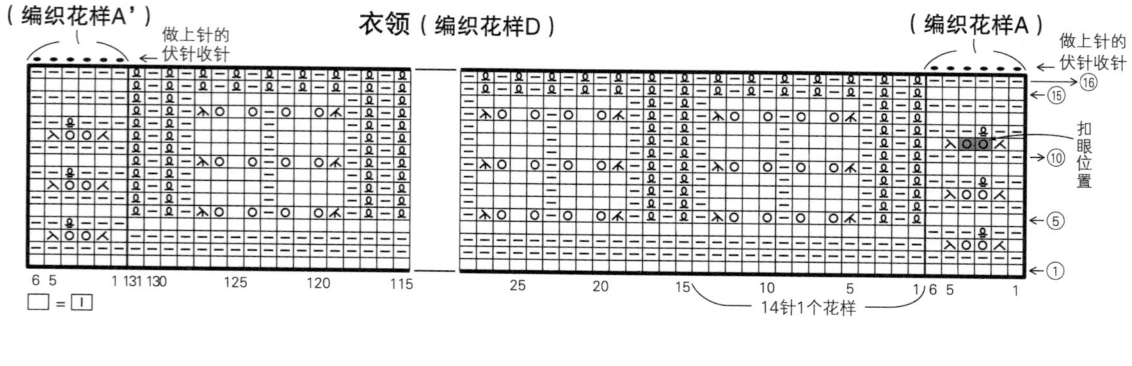

编织花样B与分散减针

（编织花样A'）　　　　（编织花样A）

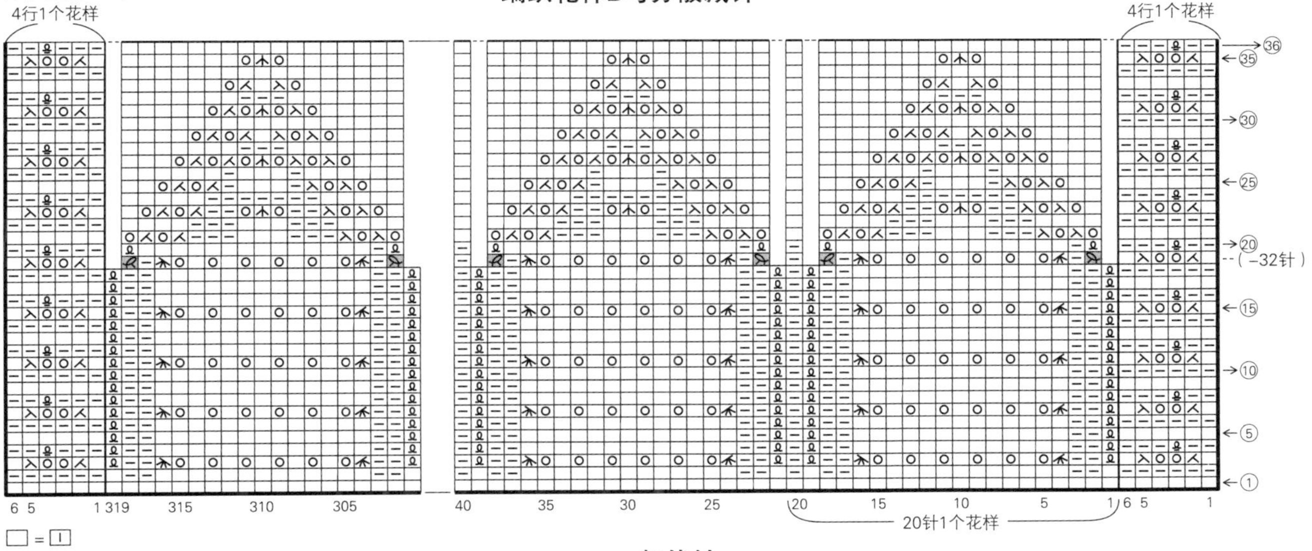

□ = Ⅰ

[左上4针并1针符号] = 左上4针并1针　[扭针的左上2针并1针符号] = 扭针的左上2针并1针

[右上4针并1针符号] = 右上4针并1针　[扭针的右上2针并1针符号] = 扭针的右上2针并1针

※编织方法请参照p.102、103

起伏针

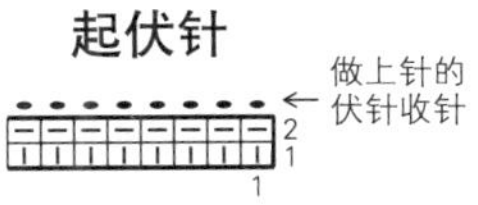

编织花样C与分散减针

编织花样A'（休针）　　　　编织花样A（休针）

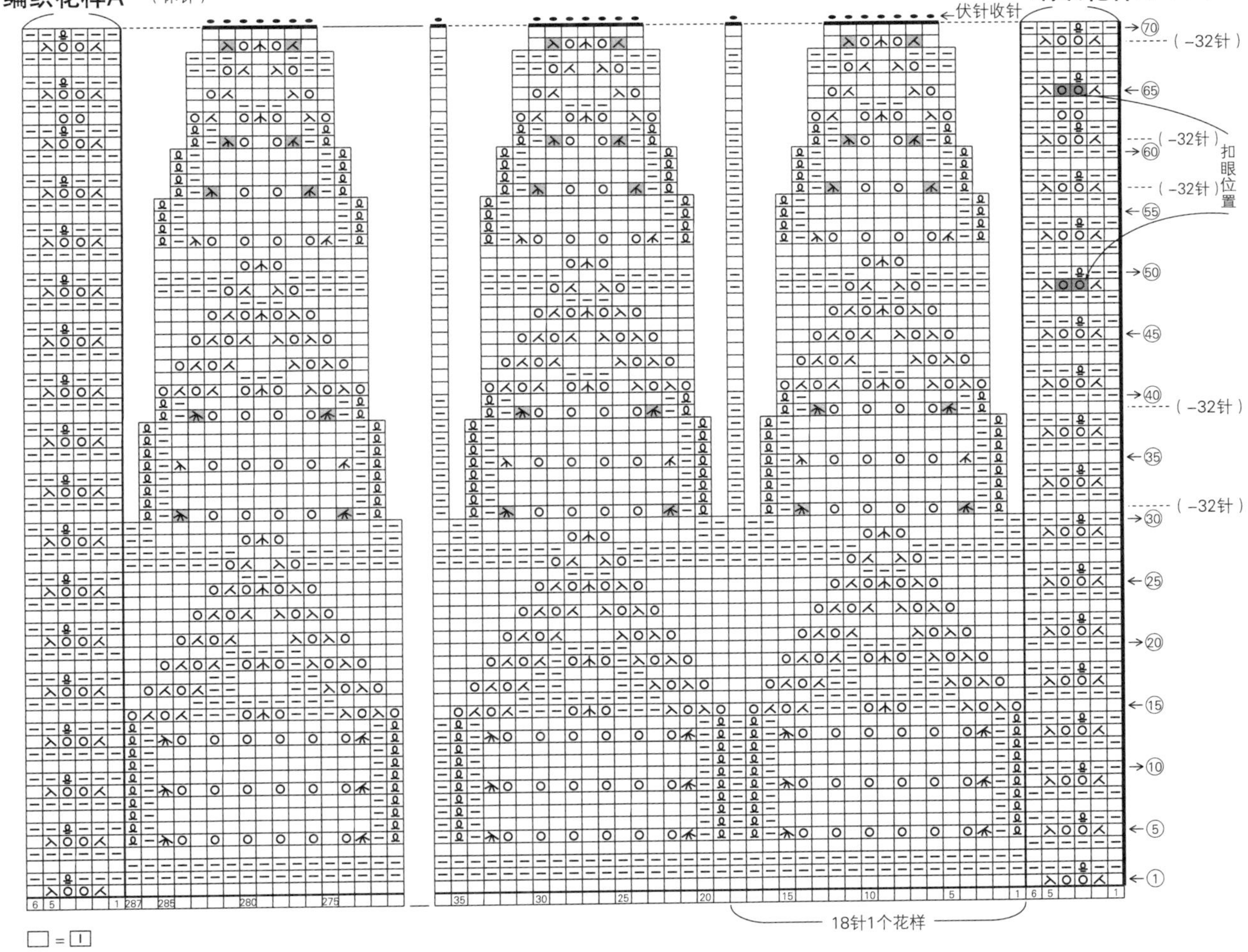

□ = Ⅰ

[左上4针并1针符号] = 左上4针并1针　[扭针的左上2针并1针符号] = 扭针的左上2针并1针

[右上4针并1针符号] = 右上4针并1针　[扭针的右上2针并1针符号] = 扭针的右上2针并1针

22 p.38

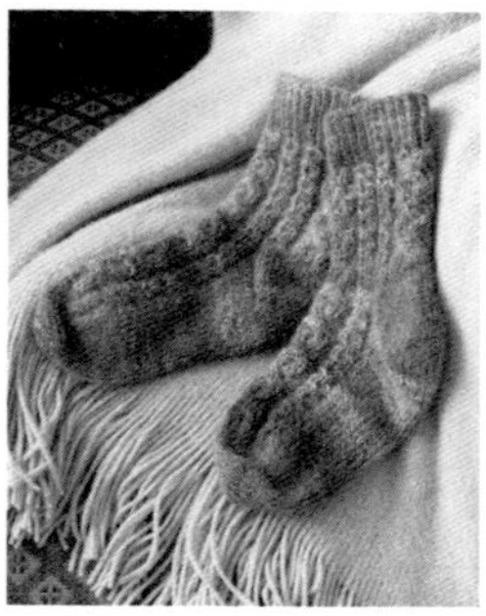

●**材料和工具** 钻石线 Diadomina 褐色和蓝色系段染（400）65g/2团
棒针7号、6号
●**成品尺寸** 袜底长22cm，袜筒高18cm
●**编织密度** 10cm×10cm面积内：下针编织23针，28.5行；编织花样28.5针，28.5行
●**编织要点** 另线锁针起针后，从袜筒开始按编织花样环形编织。编织指定行数后，袜跟参照图示往返做下针编织。接着从袜跟和袜筒的休针处挑针后继续环形编织，袜底做下针编织，袜面做编织花样。袜头参照图示减针。编织终点休针，然后对折做下针无缝缝合。解开编织起点的另线锁针挑针后编织扭针的单罗纹针，编织终点做扭针的单罗纹针收针。

袜子的编织方法

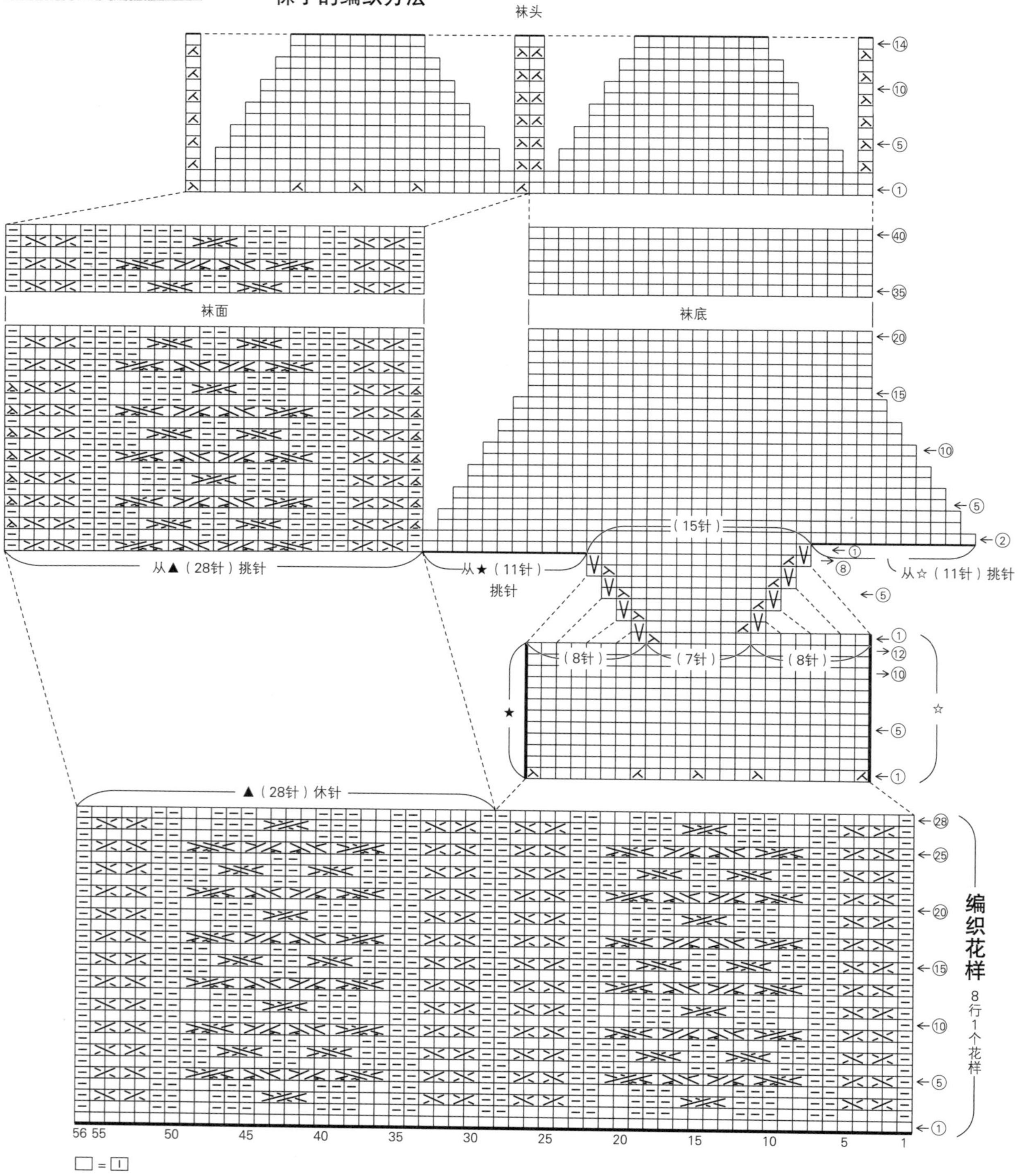

袜子

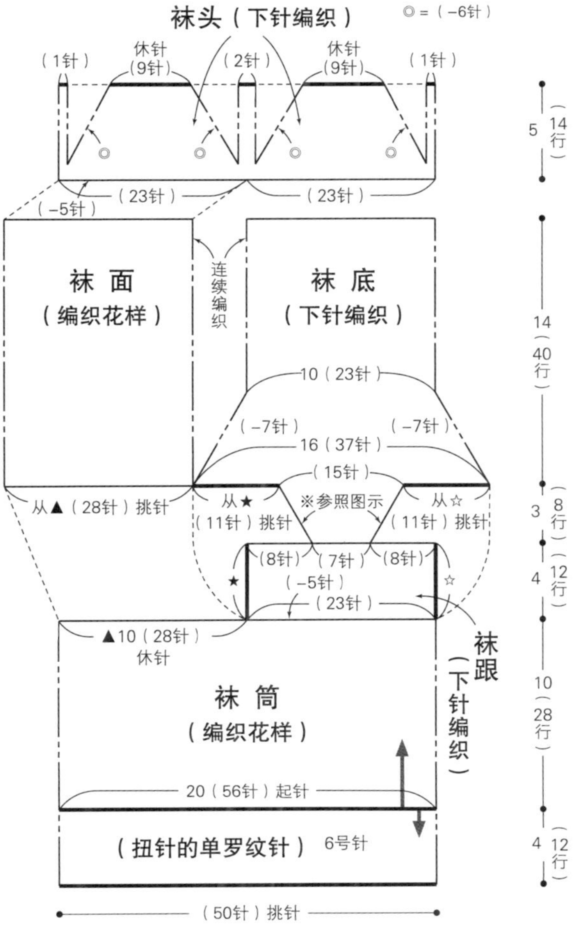

※除指定以外均用7号针编织

扭针的单罗纹针

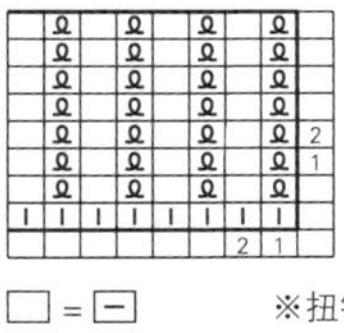

※扭针的单罗纹针收针方法请参照p.93

下针无缝缝合

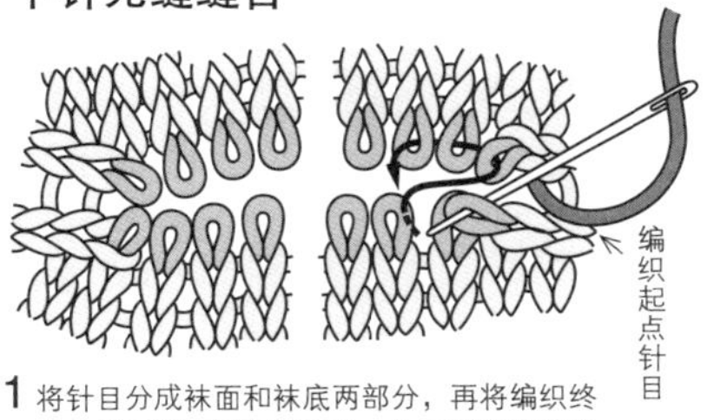

1 将针目分成袜面和袜底两部分，再将编织终点的针目做下针无缝缝合。为了避免两端突起，将边上2针重叠在一起挑针。

2 交替在上、下针目里穿针，重复“正面入针、正面出针”，每个针目里插入2次缝针。最后一针也在2针里一起插入缝针。

接作品 20

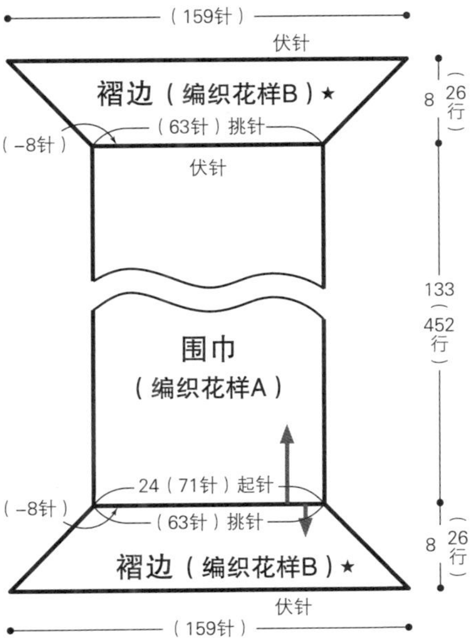

※全部使用7号针编织
※★ = 分散加针 全部（＋96针）※参照图示

20 p.36

●**材料和工具** 钻石线 Tasmanian Merino 驼色（704）220g/6团
棒针7号

●**成品尺寸** 宽24cm（不含褶边），长149cm

●**编织密度** 10cm×10cm面积内：编织花样A 29.5针，34行

●**编织要点** 手指挂线起针后，按编织花样A编织，编织终点做伏针收针。褶边挑取指定数量的针目后，按编织花样B一边分散加针一边编织，编织终点交替编织下针和上针做伏针收针。

※编织图见p.97

编织花样B与分散加针

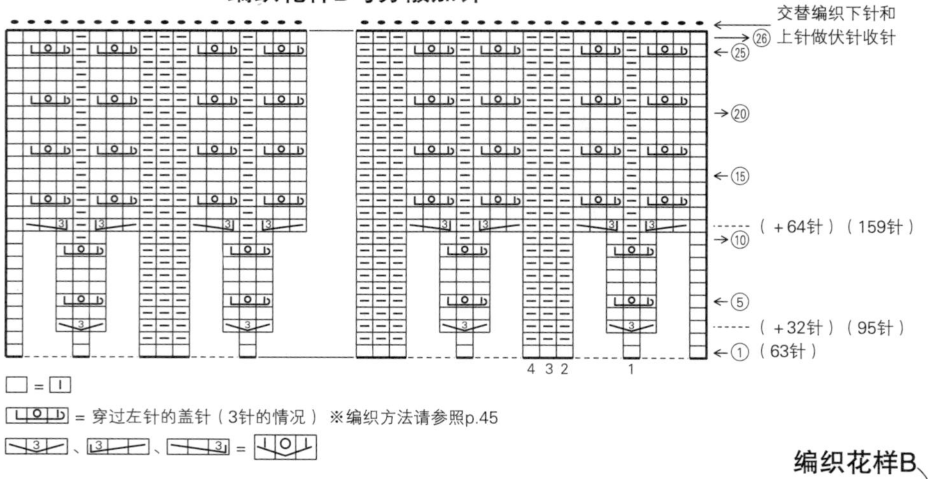

编织花样B

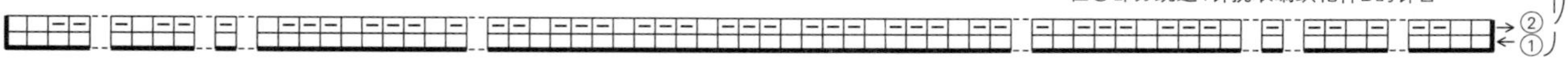

编织花样A

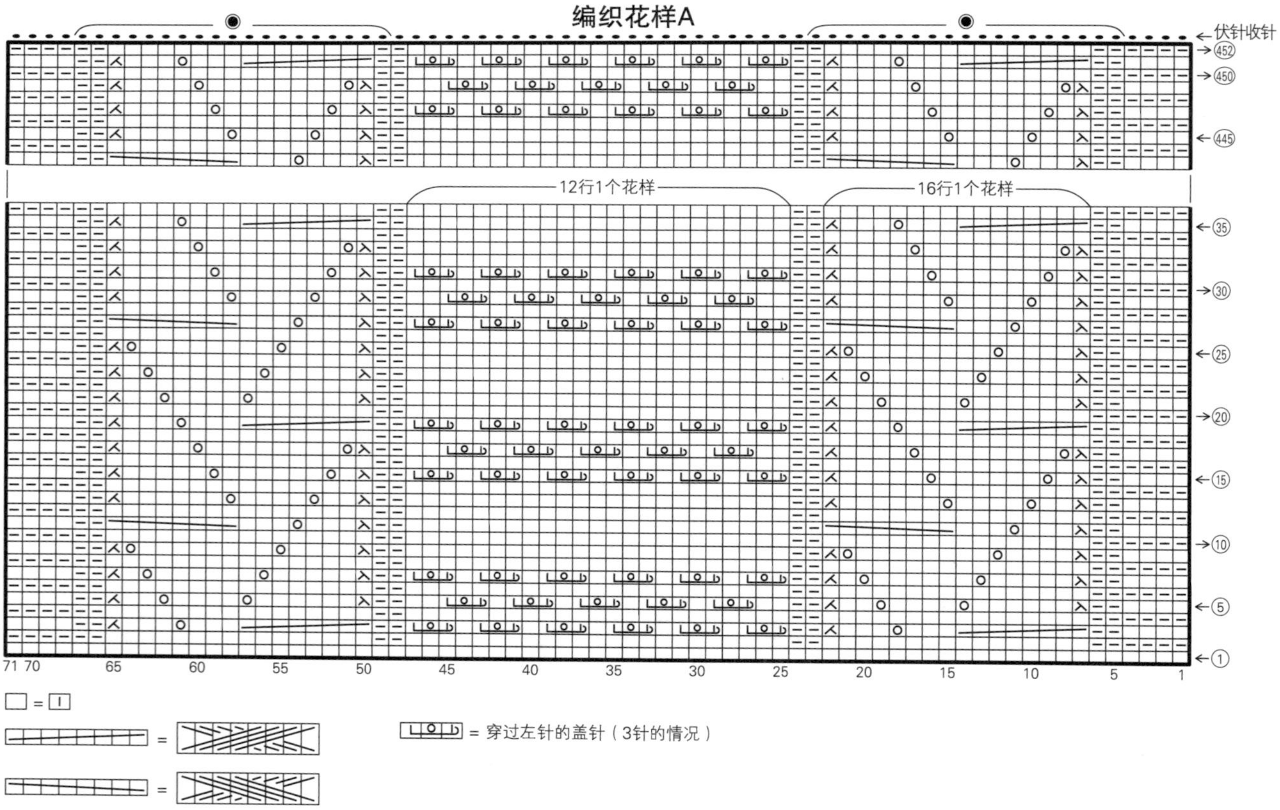

21 p.37

●材料和工具　钻石线 Diatartan　灰色（3404）50g/2团

棒针7号、6号

●成品尺寸　头围49cm，深21cm

●编织密度　编织花样B 10cm26针，25行7.5cm

●编织要点　另线锁针起针后，按编织花样A、B、C环形编织。参照图示分散减针。在最后一行的针目里穿2次线后收紧。帽口解开另线锁针挑针，平均加针后按编织花样C'编织。编织终点做双罗纹针收针。

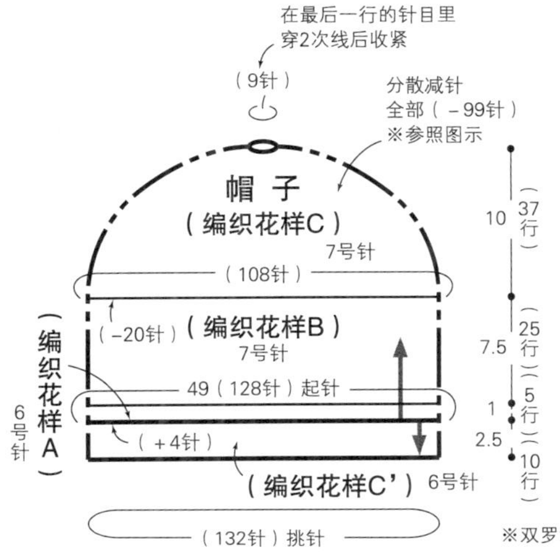

※双罗纹针收针的方法请参照p.63

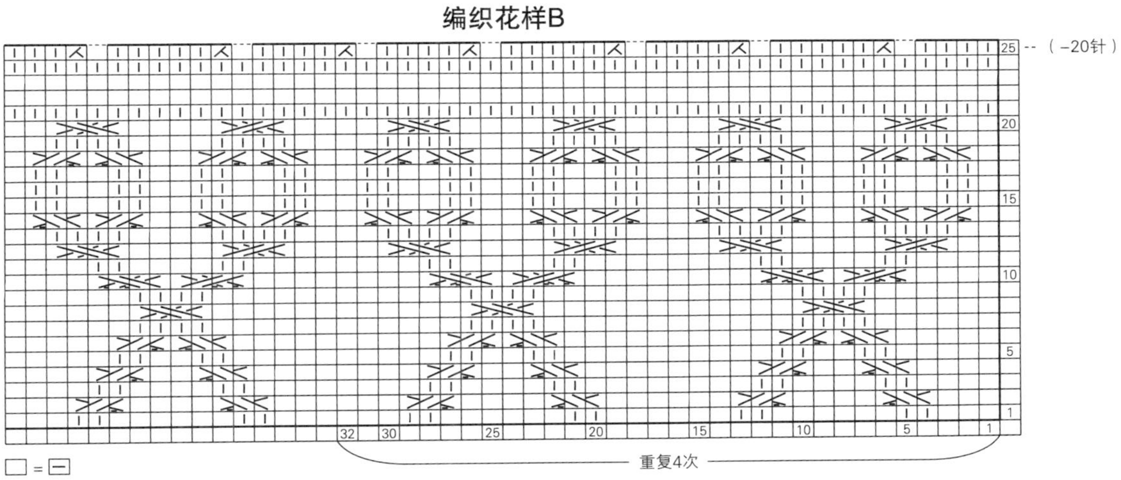

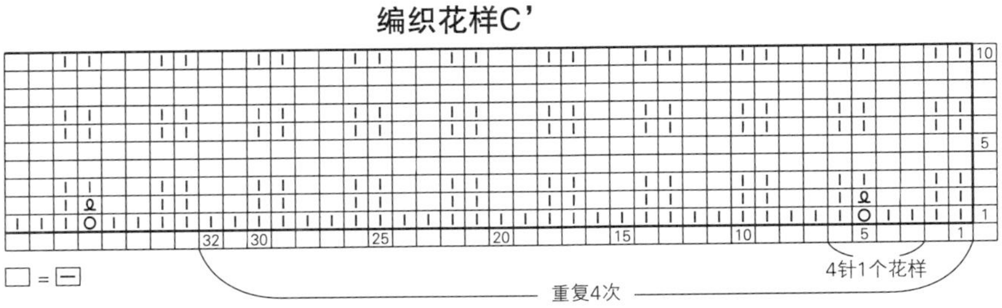

编织花样C与分散减针

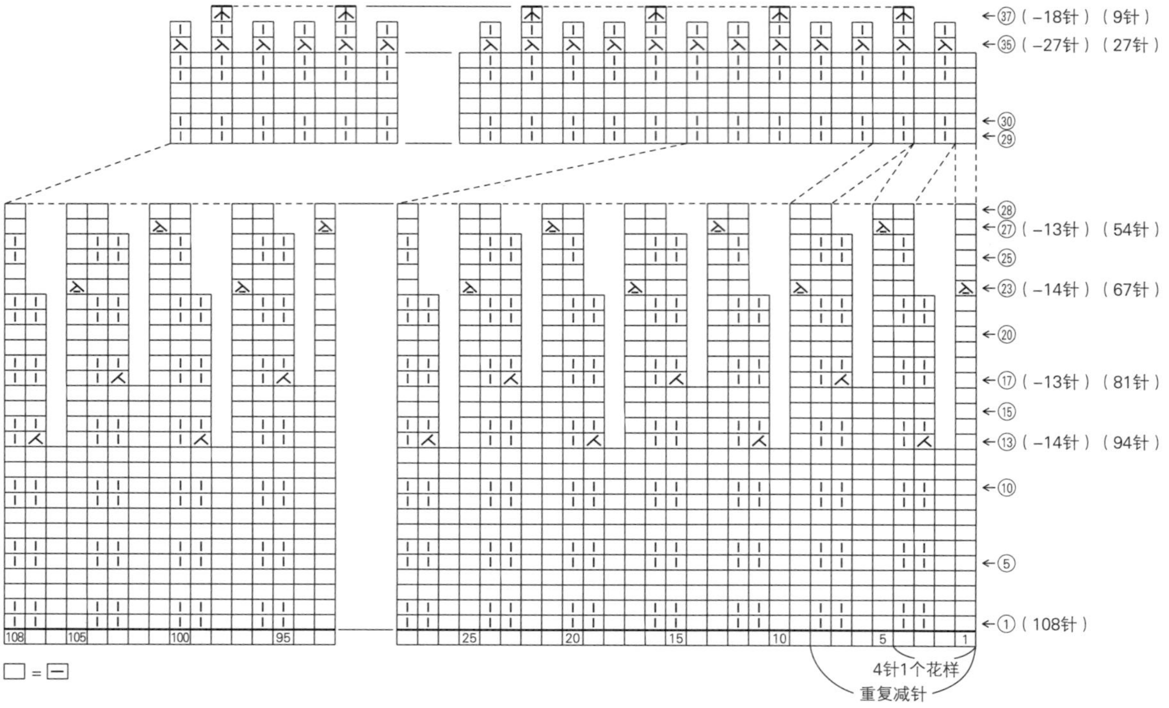

在针目里穿线收紧

1 将编织终点的线头穿入缝针。

2 在所有针目里穿2次线。

3 拉动线头收紧。

针数较多时，每隔1针、分2次穿线后收紧。

3卷结编

※部分针法的符号可有多种形式

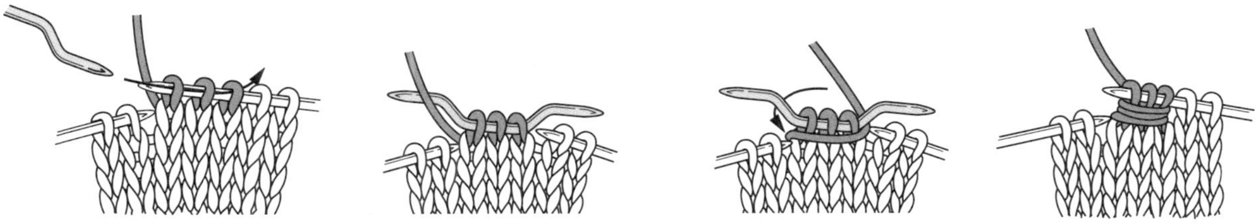

1 编织3针下针后，将针目移至麻花针上。

2 将3针移至麻花针上的状态。

3 朝箭头所示方向在移至麻花针的3针上绕3圈线。

4 将针目移回至右棒针上，3卷结编完成。

2卷结编

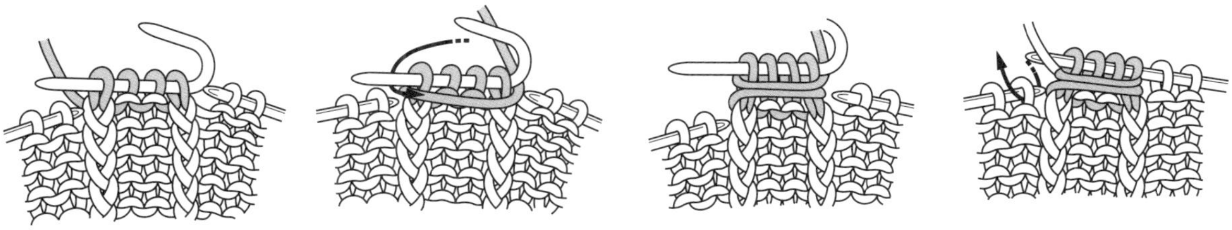

1 编织4针后，将针目移至麻花针上。

2 朝箭头所示方向在刚才移过来的4针上绕线。

3 逆时针方向绕2圈线。

4 将针目直接从麻花针移回至右棒针上，2卷结编完成。

穿过左针的盖针和右上2针并1针

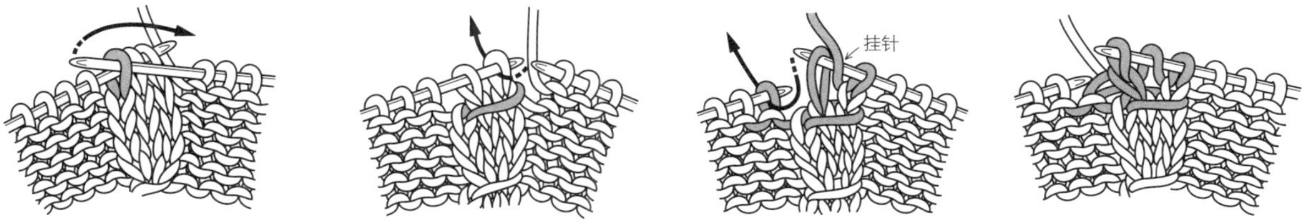

1 在左棒针第3针里插入右棒针，将其覆盖在右边的2针上。

2 如箭头所示在左棒针第1针里插入右棒针，编织下针。

3 挂针，在下个针目里从前往后插入棒针，将其移至右棒针上。接着如箭头所示插入棒针，编织下针。

4 将刚才移至右棒针上的针目覆盖在已织针目上，完成。

穿过左针的盖针和左上2针并1针

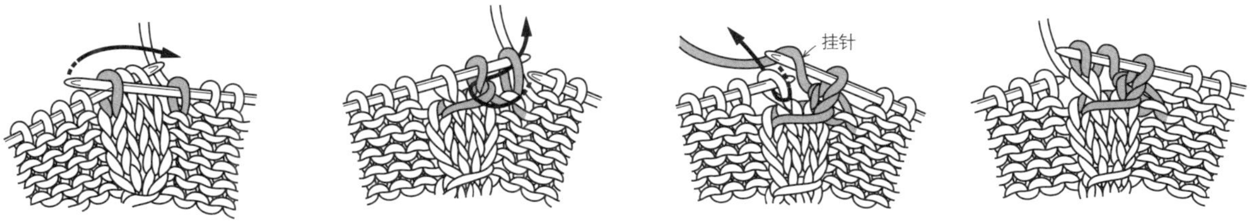

1 将前一针不编织移至右棒针上，接着将第3针覆盖在右边的2针上。

2 将刚才移至右棒针上的针目移回至左棒针上，如箭头所示插入棒针，在2针里一起编织下针。

3 挂针，如箭头所示在下个针目里插入棒针，编织下针。

4 穿过左针的盖针和左上2针并1针完成。

右上扭针的1针交叉（上下均为扭针）

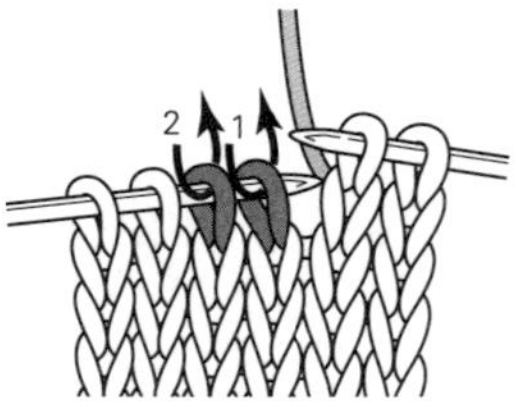

1 按1、2的顺序将针目移至右棒针上。

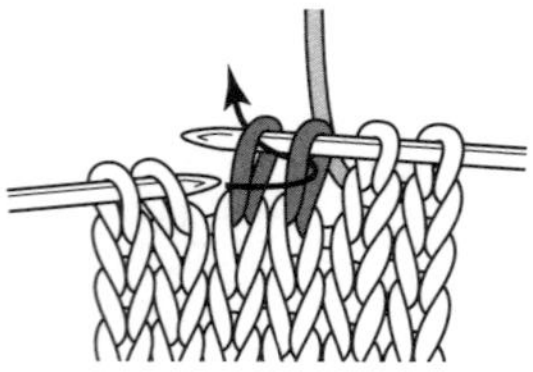

2 如箭头所示插入左棒针，移回针目。

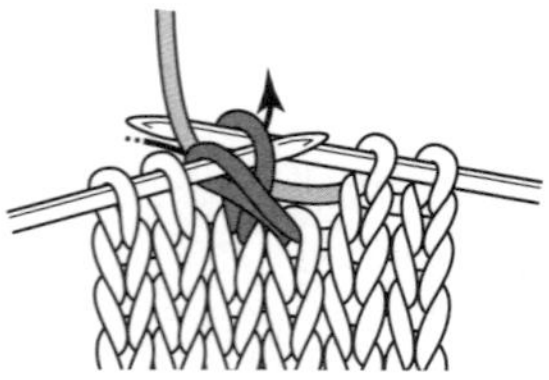

3 从后面将棒针插入右边的针目，编织扭针。

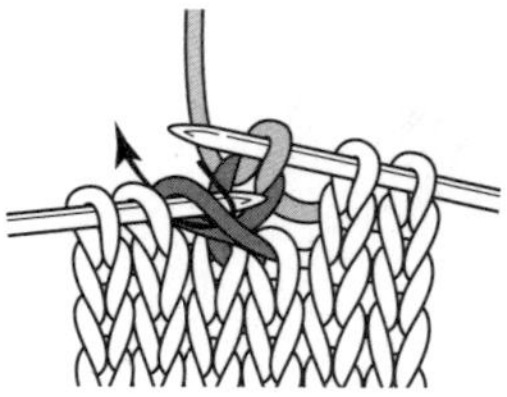

4 左边的针目也如箭头所示插入右棒针，编织扭针。

左上扭针的1针交叉（上下均为扭针）

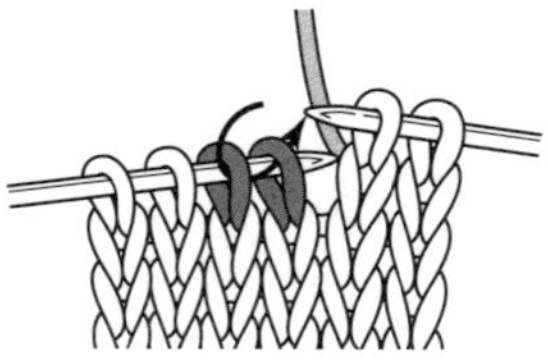

1 如箭头所示，在两针里一起插入右棒针，将针目移至右棒针上。

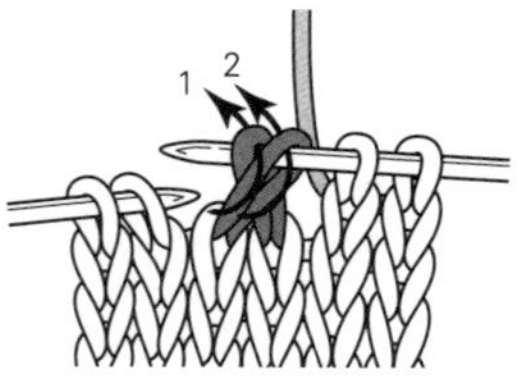

2 按1、2的顺序将针目移回至左棒针上。

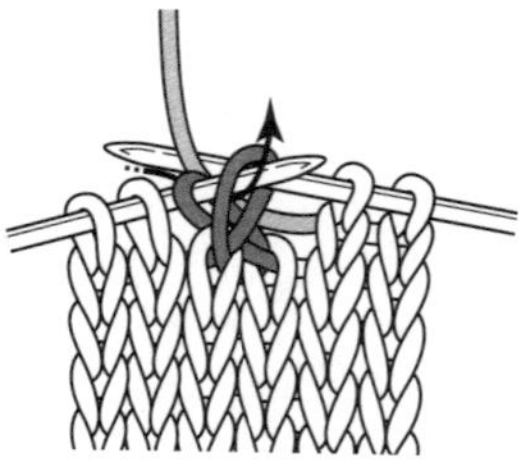

3 从右侧将右棒针插入右边的针目，编织扭针。

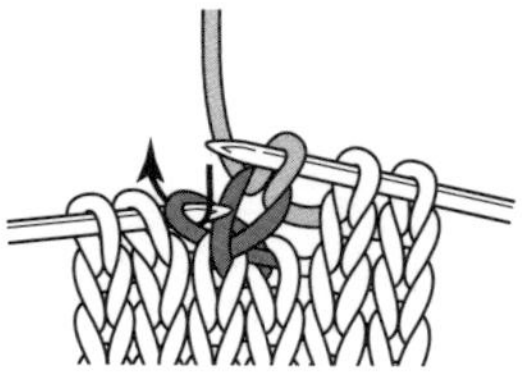

4 左边的针目也如箭头所示插入右棒针，编织扭针。

扭针的右上2针并1针 

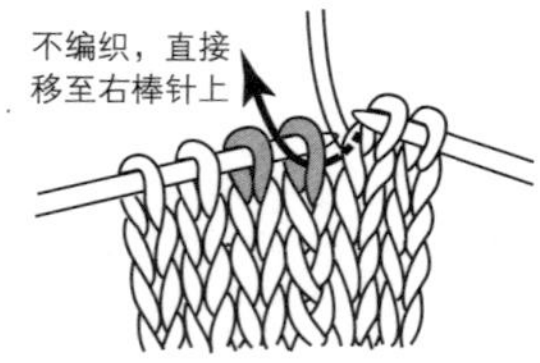

1 从后面将右棒针插入右边的针目，不编织，直接移至右棒针上。

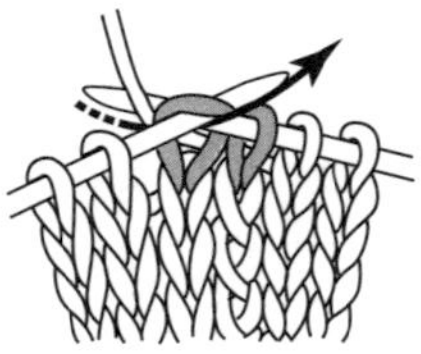

2 在左边的针目里插入右棒针，挂线后拉出，编织下针。

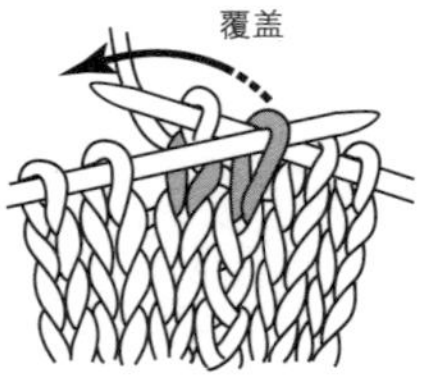

3 在刚才移至右棒针上的针目里插入左棒针，将其覆盖在已织针目上。

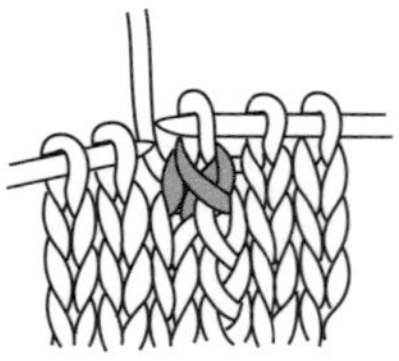

4 扭针的右上2针并1针完成。

扭针的左上2针并1针 

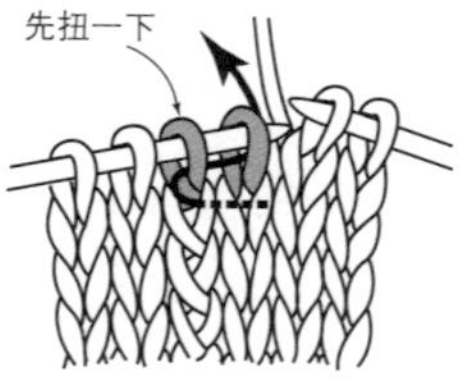

1 先将左边的针目扭一下，然后如箭头所示插入右棒针。

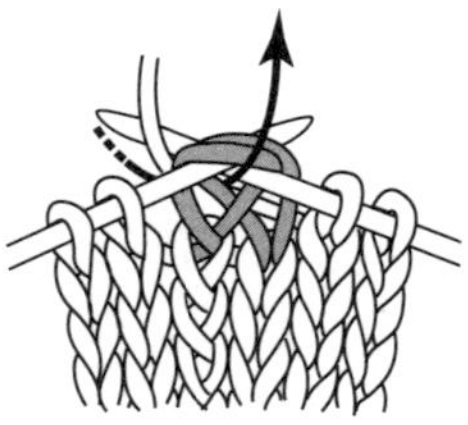

2 挂线后拉出，在2个针目里一起编织下针。

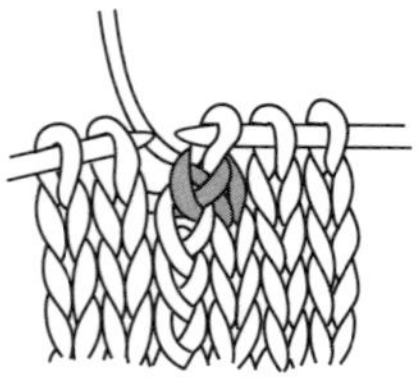

3 扭针的左上2针并1针完成。

左上4针并1针 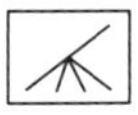

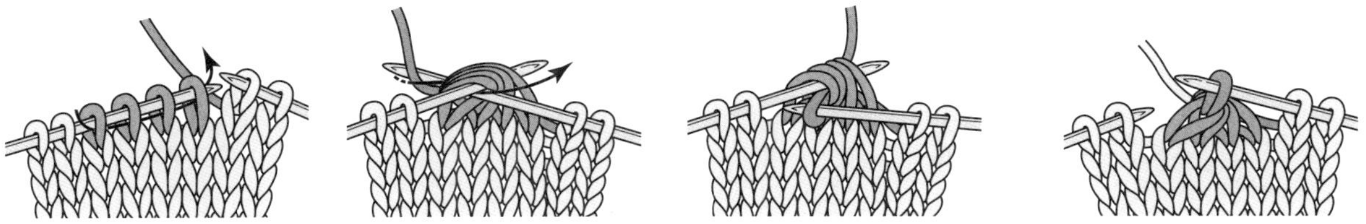

1 如箭头所示，在左棒针的4针里插入右棒针。

2 在4针里一起编织下针。

3 将线拉出后退出左棒针。

4 左上4针并1针完成。

右上4针并1针 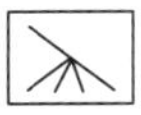

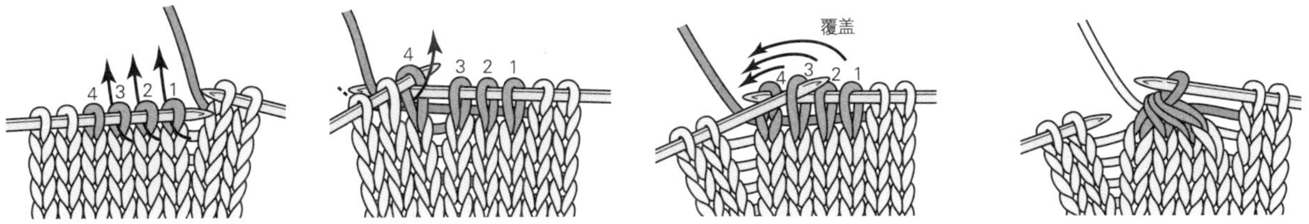

1 如箭头所示，在右边的3针里插入右棒针，不编织，依次移至右棒针上。

2 在第4针里编织下针。

3 从左往右依次将3针覆盖在已织的针目上。

4 右上4针并1针完成。

拉针
（拆开已织针目的方法）

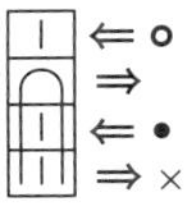

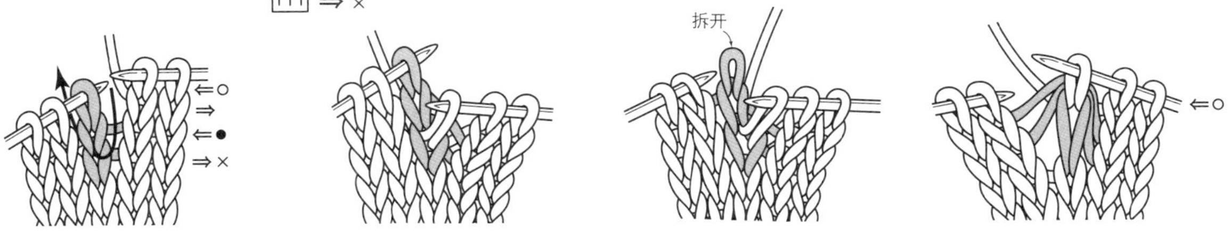

1 在前3行的针目里插入右棒针，针头挂线后拉出。

2 拉出线后的状态。

3 将左棒针上的针目取下，拆开针目。

4 用拆开已织针目的方法编织的拉针完成。

卷针加针（2针以上）

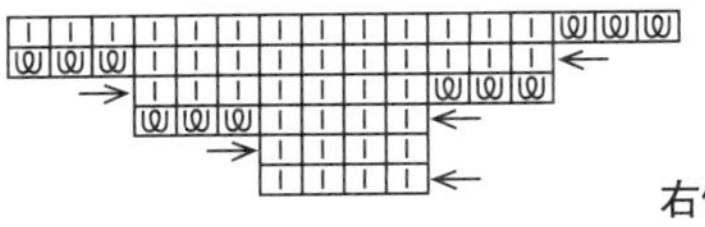

左侧

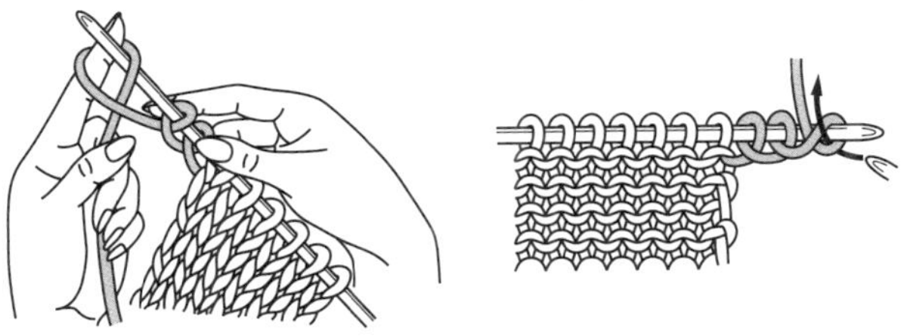

1 如图所示在食指所绕线圈里插入棒针，退出手指。

2 3针卷针完成。下一行的编织起点如箭头所示插入右棒针，滑过边针。

右侧

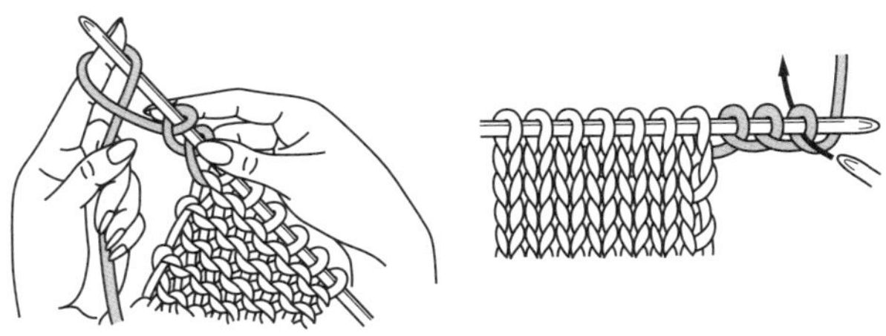

1 如图所示在食指所绕线圈里插入棒针，退出手指。

2 3针卷针完成。下一行的编织起点如箭头所示插入右棒针，滑过边针。

作者简介

志田瞳（Hitomi Shida）

出生于日本青森县，在埼玉县长大
1972年正式开始学习编织
1990年举办个展，随后开始从事编织设计师的工作
1996—2015年，共出版20册《志田瞳优美花样毛衫编织》系列图书
2009—2015年，共出版7册《志田瞳优美花样毛衫编织》春夏系列图书
《志田瞳最新棒针编织花样260》已被翻译成11种语言
《志田瞳经典编织花样250例》已被翻译成7种语言
《志田瞳经典棒针编织花样250（增订版）》已被翻译成3种语言
其作品深受各国读者青睐

图书在版编目（CIP）数据

志田瞳优美花样毛衫编织. 7, 重焕光彩的精品集萃 / (日) 志田瞳著；蒋幼幼译. -- 郑州：河南科学技术出版社，2025. 4. -- ISBN 978-7-5725-1919-2

Ⅰ. TS941.763-64

中国国家版本馆CIP数据核字第2025ZM0583号

出版发行： 河南科学技术出版社
地址：郑州市郑东新区祥盛街27号　邮编：450016
电话：（0371）65737028　65788613
网址：www.hnstp.cn

出 版 人： 乔　辉
策划编辑： 仝广娜
责任编辑： 葛鹏程
责任校对： 王晓红
封面设计： 张　伟
责任印制： 徐海东
印　　刷： 河南博之雅印务有限公司
经　　销： 全国新华书店
开　　本： 889 mm × 1 194 mm　1/16　**印张：** 6.5　**字数：** 200千字
版　　次： 2025年4月第1版　2025年4月第1次印刷
定　　价： 59.00元

如发现印、装质量问题，影响阅读，请与出版社联系并调换。